KB121882

맛있는 면요리
육수와 소스

박지형 지음

Noodle cooking

예신 Books

우리나라는 예로부터 경사스러운 날 손님을 접대하기 위해 국수를 준비했습니다. 밀가루가 귀했던 시절, 면을 삶아 사리를 짓고 고명을 올린 다음 따끈한 국물을 부어 좋은 날을 축하해주러 오신 손님들에게 정성스레 차려서 대접했던 잔치국수는 준비하는 사람들이나 손님들에게나 특별한 의미로 기억되는 음식입니다. 이 책을 만나게 될 많은 분들이 한 그릇의 잔치국수를 통해 축하하거나 축하받을 수 있는 좋은 일들이 많이 생기고 오래오래 행복해지길 기원하는 마음으로 정성껏 책을 만들었습니다.

이 책은 만드는 방법에 따라 네 가지의 면요리로 구성하였습니다. 특히 국수 맛을 돋워주는 육수 만들기에 관한 비법을 재료별로 과정 사진을 첨부하여 알기 쉽게 설명하였습니다. 또한 면 삶는 요령과 밀가루 반죽을 쫄깃하게 하는 방법 등을 같이 정리하여 초보자도 부담 없이 면요리에 도전할 수 있도록 하였습니다. 국수를 사랑하는 많은 분들이 이 책을 통해 쉽고도 맛있는 면요리를 많이 접하게 되길 바랍니다.

책이 완성되기까지 물심양면으로 도움 주신 많은 분들 덕분에 감사해야 할 일들이 많았습니다. 언제나 좋은 책을 만들어 주시는 출판사 임직원분들에게 진심으로 감사드립니다. 사진 촬영 내내 힘써 주신 황혜정 선생님과 항상 믿음으로 함께 해주신 박숙주 선생님께 감사드립니다. 또 책을 만드느라 애쓰는 엄마를 든든하게 위로해 준 딸 이지에게, 국수를 너무도 사랑해서 이 책을 쓰게 된 계기를 만들어주고 온 힘을 다해 촬영해 준, 그리고 책이 완성되기까지 가장 든든한 지원군이 되어 준 남편 임정환에게 지면을 빌어 감사와 사랑을 전합니다.

박지형 씀

Contents

첫번째 매운 비빔면과
고소한 비빔면

두번째 볶음면과 스파게티

Contents

 세번째 온면과 냉면

네번째 칼국수와 우동

쇠고기 육수

✓ **재료**(4인분 기준)
쇠고기 사태 또는 양지머리 600g, 대파 1대, 무 200g,
마늘 30g, 생강 5g, 통후추 1작은술, 물 4리터(20컵)

1 쇠고기 사태 또는 양지머리는 덩어리째 고기가 삼길 만큼의 찬물에 담가 2시간 이상 핏물을 빼 누린내를 제거한다.

2 핏물이 빠진 고기를 물에 한번 씻어낸 다음 냄비에 넣고 분량의 물을 붓는다.

3 2에 무, 대파, 통마늘, 통생강, 통후추를 넣고 끓인다.

4 국물이 끓어오르면 불을 중간 정도로 낮춰 뚜껑을 연 상태로 은근히 끓인다. 끓는 도중 떠오르는 거품을 걷어가며 2시간 정도 푹 끓인다.

5 고기를 젓가락으로 찔러보았을 때 핏물이 생기지 않고 젓가락이 부드럽게 들어가면 충분히 익은 것이다.

6 다 익은 고기는 꺼내 면보자기에 꼭꼭 감싼 후 도마와 같이 무거운 것으로 눌러 식힌다(이렇게 해야 나중에 고기를 썰었을 때 부서지지 않고 예쁘게 썰어진다).

7 고기 국물은 체에 밭쳐 건더기를 걸러내고 국물만 식혀 놓는다.

8 완전히 식은 고기 국물은 면보자기에 다시 한번 밭쳐 굳어 있는 기름기를 제거한다.

쇠고기 육수의 특징

쇠고기는 결합 조직이 많은 사태 또는 양지머리를 사용해야 깊은 맛이 나고 국물이 진하게 우러난다. 오랜 시간 끓여야 질긴 콜라겐 단백질이 젤라틴화하여 고기 국물에 구수하게 맛이 배며 고기 또한 부드러워지므로 육수는 최소 2시간 정도 끓여야 맛있는 육수를 얻을 수 있다.

멸치 육수

√ 재료(4인분 기준)
국멸치 50g, 건다시마(10×10cm) 1조각, 무 100g, 대파 1대
마늘 30g, 생강 10g, 통후추 1작은술, 물 2.4리터(12컵)

1 국물용 멸치는 배를 갈라 내장을 제거하여 잘게 찢는다.

2 찢어놓은 멸치는 마른 프라이팬에 넣고 살짝 볶는다.

3 다시마는 겉의 흰가루를 젖은 면보로 살짝 닦아내고 결 반대 방향으로 가위집을 서너 번 넣는다.

4 냄비에 멸치와 다시마를 넣고 분량의 물을 넣어 끓이지 않은 상태로 그대로 맛이 우러나도록 30분 이상 담가 둔다.

5 30분이 지나면 무, 대파, 마늘, 생강, 통후추를 넣고 중간 불에서 5분 정도 끓인다.

6 도중에 올라오는 거품을 걷어내면서 끓이고, 다 우러난 멸치 육수는 면보에 걸러 사용한다.

멸치 육수의 특징

멸치 육수는 진하고도 시원한 맛을 찾는 사람들에게 매우 안성맞춤인 육수이다. 그러나 고기처럼 오래 끓이면 비린 맛이 나게 되므로 뚜껑을 연 채 잠시 동안만 끓이는 것이 깔끔한 맛을 내는 비결이다. 멸치를 손질할 때는 내장을 꼭 제거하여 특유의 쓴맛이 나지 않도록 한다.

가다랑어포 육수

√ **재료**(4인분 기준)
건다시마(10×10cm) 2조각,
가다랑어포 1컵 분량(20g), 물 2리터(10컵)

1 건다시마는 겉부분의 흰가루를 젖은 면보로 살짝 닦아낸 후 맛이 잘 우러날 수 있도록 결 반대 방향으로 가위집을 서너 번 넣는다.

2 냄비에 건다시마와 분량의 물을 넣고 끓이지 않은 상태로 30분 정도 두어 다시마의 맛이 물속에 천천히 우러나도록 한다.

3 30분이 지나면 한소끔 끓이다 바로 불을 끈다.

4 여기에 가다랑어포를 넣고 10~20분간 그대로 둔다.

5 가다랑어포의 향이 충분히 우러나면 면보에 걸러 맑은 육수를 준비한다.

가다랑어포 육수의 특징

가다랑어포는 가다랑어(참치)의 살을 훈제시켜 말린 것을 얇게 밀어 놓은 것으로, 육수를 낼 때뿐만 아니라 일본 요리의 고명에도 많이 쓰인다. 특히 우동 국물이나 소바 국물에 없어서는 안 될 재료로 멸치 육수만큼 맛이 깊고 진한 느낌은 아니지만 비리지 않고 향긋하면서도 깔끔한 뒷맛이 특징이다. 오래 끓이면 특유의 향기가 소실되므로 가능하면 끓이지 않거나 잠시만 끓이는 것이 좋다.

닭 육수

✓ 재료(4인분 기준)
닭(1kg) 1마리, 대파 1대, 마늘 30g, 생강 10g,
양파(중간 크기) 1개, 통후추 1작은술, 물 4리터(20컵)

1 닭은 배를 갈라 내장 찌꺼기를 완전히 제거하여 흐르는 물에 깨끗이 씻는다.

2 냄비에 닭을 담고 대파, 마늘, 생강, 양파, 통후추와 함께 분량의 물을 붓고 끓인다.

3 끓기 시작하면 중불로 줄여 냄비 뚜껑을 연 채로 끓인다.

4 도중에 올라오는 거품과 기름기를 걷어내며 끓기 시작하면 불을 줄이고 한 시간 정도 은근히 끓인다.

5 국물이 잘 우러나면 닭을 건져내고 한 김 식은 후 국물을 면보에 걸러 사용한다.

닭 육수의 특징

중국 요리에 많이 쓰이는 닭 육수는 담백하면서도 구수하고 특히 국물 색이 깨끗하고 맑으며 고기 냄새가 많이 나지 않아 고기 요리뿐만 아니라 생선 요리에도 두루 쓰인다. 특히 뼈가 같이 들어가기 때문에 시간을 두고 오래 끓이면 뽀얗고 진한 국물을 얻을 수 있다. 닭고기 살을 모두 발라 요리에 사용하고 뼈만 1회 분량씩 포장하여 냉동 보관하였다가 육수를 끓일 때 사용하는 것도 좋다.

새우 육수

✓ **재료**(4인분 기준)
건새우 1컵 분량(40g), 건다시마(10×10cm) 1조각, 무 100g, 대파 1대,
마늘 30g, 생강 10g, 통후추 1작은술, 물 2.4리터(12컵)

1 건새우는 체에 넣고 톡톡 쳐서 이물질을 제거한다.

2 건새우를 마른 팬에 넣고 살짝 볶아준다(이렇게 하면 국
물 맛이 더욱 고소해지고 잡냄새를 제거할 수 있다).

3 건다시마는 겉면의 흰가루를 젖은 면보로 살짝 닦아낸
후 결 반대 방향으로 군데군데 가위집을 준다.

4 냄비에 건다시마와 분량의 물을 붓고 30분 정도 끓이지
않은 상태로 국물맛을 우려낸다.

5 여기에 볶아 놓은 새우와 무, 대파, 마늘, 생강, 통후추를
넣고 끓인다.

6 국물이 끓어오르면 불을 줄이고 5분간 거품을 걷어가며
은근히 끓인다.

7 다 끓여진 국물은 면보에 밭쳐 건더기를 걸러내고 맑은
국물을 사용한다.

새우 육수의 특징
새우 육수는 멸치 육수에 비해 비린 맛은 적지만 진한 맛도 조금 약하다. 그러나 고소한 뒷맛의 여운이 오래 남으
며 깔끔하여 차게 식혀 냉국수의 육수로 써도 좋다. 새우와 멸치를 같이 사용하여 육수를 끓여도 좋다.

조개 육수

√ **재료**(4인분 기준)
모시조개(또는 바지락조개) 400g, 건다시마(10×10cm) 1조각,
생강 5g, 통후추 1/2작은술, 물 2.5리터(12컵), 소금 약간

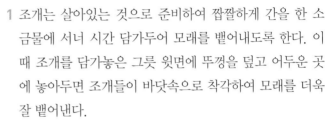
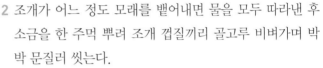
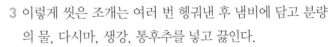

1 조개는 살아있는 것으로 준비하여 짭짤하게 간을 한 소금물에 서너 시간 담가두어 모래를 뱉어내도록 한다. 이때 조개를 담가놓은 그릇 윗면에 뚜껑을 덮고 어두운 곳에 놓아두면 조개들이 바닷속으로 착각하여 모래를 더욱 잘 뱉어낸다.

2 조개가 어느 정도 모래를 뱉어내면 물을 모두 따라낸 후 소금을 한 주먹 뿌려 조개 껍질끼리 골고루 비벼가며 박박 문질러 씻는다.

3 이렇게 씻은 조개는 여러 번 헹궈낸 후 냄비에 담고 분량의 물, 다시마, 생강, 통후추를 넣고 끓인다.

4 조개가 입을 열면 불을 줄이고 거품을 걷어가며 2~3분간 더 끓인다.

5 다 끓여진 국물은 면보에 밭쳐 건더기를 걸러내고 맑은 국물을 사용한다.

조개 육수의 특징

조개 육수는 잡냄새가 전혀 없고 국물 맛이 매우 담백하며 한 입 마시면 입안이 개운해지는 것이 특징이다. 조개의 종류에 따라 국물의 맛이 조금씩 다르며 모래를 잔뜩 머금고 있는 경우가 많으므로 무엇보다도 모래를 완벽하게 뱉어내도록 하는 것이 중요하다. 조개 한 알에만 모래가 있어도 육수를 사용하지 못하게 되는 경우가 있기 때문이다.

사골 육수

√ **재료**(4인분 기준)

소 사골뼈 1kg, 잡뼈 1kg, 물 8리터(40컵)

1 소 사골뼈와 잡뼈는 흐르는 물에 한 번 씻은 후 뼈 양의 서너 배의 물에 담가 12시간 정도 핏물을 빼준다(도중에 두어 번 물을 갈아주면 좋다).

2 핏물이 빠진 뼈를 깊은 냄비에 넣고 뼈가 잠길 만큼 물을 부은 후 한소끔 끓인다.

3 처음 끓어오른 국물은 모두 따라 버린다(이렇게 하면 남은 잡내와 기름기를 제거할 수 있다).

4 다시 분량의 물을 붓고 끓기 시작하면 중불에서 은근히 끓인다.

5 대여섯 시간 이상 끓여 국물이 뽀얗게 우러나면 국물만 따라내서 차게 식힌다(남은 뼈에 다시 물을 부어 국물을 두세 번 정도 더 우려낼 수 있다).

6 따라낸 국물이 식어 육수의 윗면에 기름이 엉기면 국자로 기름을 모두 걷어낸 후 육수를 용도에 따라 사용한다. 국물이 진하면 물을 섞어 희석하여 사용해도 좋다.

사골 육수의 특징

적은 양의 재료로 많은 국물을 얻어낼 수 있는 점이 매우 효율적이며 진하고 구수하며 뽀얀 빛깔의 국물이 식욕을 더욱 자극시킨다. 영양 덩어리의 육수이지만 그만큼 동물성 지방도 많이 용출되므로 담백한 육수를 얻기 위해서는 육수를 끓인 후 차게 식혀 육수 윗면에 굳어진 지방을 반드시 제거하는 것이 좋다. 사골뼈만 사용하는 것보다는 잡뼈를 같이 사용하게 되면 더 진한 국물을 얻을 수 있으므로 경제적이다.

북어 육수

✓ **재료**(4인분 기준)

북어대가리(중) 2개, 건표고버섯(중크기) 4장, 무 100g, 대파 1대,
마늘 30g, 생강 10g, 통후추 1작은술, 물 3리터(15컵)

1 냄비에 북어대가리, 건표고버섯, 무, 대파, 마늘, 생강, 통후추를 넣는다.

2 여기에 분량의 물을 붓고 뚜껑을 연 채로 끓인다.

3 국물이 한소끔 끓어오르면 불을 약하게 줄이고 20분 가량 더 끓인다.

4 도중에 거품을 걷어내며 끓여야 불순물이 제거되어 국물 맛이 깔끔해진다.

5 국물에 북어의 맛이 충분히 배어나오면 불을 끄고 건더기를 걸러 맑은 국물만 준비한다.

북어 육수의 특징

북어는 간을 보호하는 성질이 있어 특히 해장국에 대표적으로 쓰이는 재료이다. 북어 자체만 끓이면 시원하고 담백한 육수를 얻을 수 있지만 멸치나 새우 등과 같이 섞어 끓이면 다른 재료들의 맛을 없애버리는 특징이 있으므로 북어 육수를 만들 때는 섞어 쓰지 않는 것이 좋다. 멸치 육수와 달리 오랜 시간 끓여도 비린내가 많이 나지 않고 진해진다.

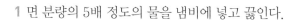

맛있는 면요리 국수 삶는 법

소면 또는 중면

1 면 분량의 5배 정도의 물을 냄비에 넣고 끓인다.

2 물이 끓기 시작하면 소금 1작은술을 넣고 면을 부채 모양으로 둥글게 흩어 넣는다.

3 면을 젓가락으로 저어가며 물속에 잠기도록 하여 끓인다.

4 물이 끓어오르면 찬물을 1/2컵 정도 부어 거품을 가라앉혀 끓인다.

5 다시 끓어오르면 다시 찬물을 부어 가라앉히기를 2~3번 더 반복하여 끓인다.

6 찬물에 면 가닥을 담가 꾹 눌러보아 가운데 심이 남지 않고 투명하게 익을 때까지 삶는다.

7 다 익은 면을 체에 밭쳐 찬물을 틀어놓고 차갑게 식힌다.

8 면을 양손으로 비벼서 겉면의 녹말을 제거해가며 매끄럽게 씻는다.

9 씻은 면은 체에 밭쳐 물기를 제거한 후 사용한다.

소면 또는 중면 삶을 때의 주의점
면을 삶을 때 소금을 넣으면 면이 더욱 쫄깃하게 삶아진다. 또한 익은 면은 찬물에 재빨리 식혀야 탄력이 유지된다. 도중에 찬물을 넣어가며 삶으면 삶는 동안 물이 넘치지 않고 면 익는 시간을 단축시킬 수 있다.

냉면 또는 쫄면

1 젖은 냉면 또는 쫄면은 서로 달라붙어 있으므로 손으로 잘 비벼 가닥이 모두 떨어지도록 손질해 놓는다. 마른 냉면은 있는 그대로 준비한다.

2 냄비에 냉면 또는 쫄면 양의 6~7배 정도의 물을 넣고 끓인다.

3 물이 끓기 시작하면 소금 1작은술을 넣은 후 면을 넣고 삶는다.

4 끓어오르면 찬물을 한두 번 부어주면서 젓가락으로 계속 저어가며 면끼리 달라붙지 않도록 삶는다.

5 면가닥을 찬물에 담가 식힌 후 손으로 끊어보아 잘 끊어지면 다 익은 것이므로 재빨리 체에 밭쳐 찬물에 넣는다.

6 면을 손으로 잘 비벼서 끈적거리는 느낌이 없어질 때까지 씻은 후 체에 밭쳐 물기를 제거한 다음 사용한다.

냉면 또는 쫄면 삶을 때의 주의점

젖은 면일 경우 면을 손으로 잘 비벼가며 가닥이 모두 떨어지도록 손질해서 삶아야 면이 서로 달라붙지 않으며, 마른 면보다 삶는 시간이 훨씬 짧다(끓어오르기 시작해서 1분 정도). 냉면이나 쫄면은 전분의 함량이 많아 삶을 때 물의 농도가 걸쭉해지므로 면의 양에 비해 충분한 양의 물을 넣어 삶는 것이 좋다.

맛있는 면요리 국수 삶는 법

칼국수

칼국수는 육수에 직접 넣고 끓여 조리하므로, 육수에 칼국수의 밀가루가 떨어지지 않도록 면에 달라붙어 있는 밀가루를 충분히 털어내는 것이 중요하다. 또한 육수의 양을 잔치국수나 냉면 육수에 비하여 두 배 정도 넉넉하게 넣어야 국물이 걸쭉해지는 것을 막을 수 있다. 국물에도 소금이나 간장으로 간을 하지만 면 반죽을 할 때 소금을 꼭 넣어야 면발이 더욱 쫄깃해진다.

우동

우동에는 오래 보관할 수 있도록 산 처리 후 진공 포장한 것, 냉동시켜 유통하는 것, 국물 수프가 포함된 인스턴트 등이 있다. 모두가 면을 거의 익혀 놓은 상태이며 포장을 풀었을 때 면을 억지로 흩어 놓으면 면발이 끊어지게 되므로 끓는 물에 살짝 데친 후 엉킨 면을 살살 풀어주거나 육수에 바로 넣어 끓인다. 냉동면일 경우 해동하지 않고 끓는 물이나 육수에 바로 넣어 끓이면서 해동하는 것이 좋다.

쌀국수

베트남이나 태국의 대표 요리인 쌀국수는 실제 쌀 100%로 만든 것이 아니라 타피오카 전분이라고 하는 끈기있는 재료로 만들어 면발이 비교적 질긴 편이다. 마른 상태로 판매되기 때문에 삶을 때 그냥 삶는 것보다는 따뜻한 물에 30분 정도 담가 부드럽게 불린 후 삶는 것이 시간도 단축되고 잘 삶아진다. 요리의 용도에 따라 면발의 굵기와 모양이 다르며, 보통 물국수에는 가는 면발, 볶음국수에는 넓은 면발이 쓰인다.

메밀국수

　메밀국수에는 생면과 건면이 있으며, 생면의 질감이 더 좋으나 오래 보관하기에는 건면이 좋다. 우리나라의 막국수나 일본식 소바에 두루 쓰이는데, 특히 생면에는 면끼리 달라붙는 것을 방지하기 위해 녹말가루를 묻혀 놓았으므로 국수 삶을 때 국물이 걸쭉해지는 것에 유의해야 한다. 국수 삶을 때 큰 냄비를 사용하는 것이 좋으며 면 분량에 비해 물을 넉넉히 잡고 젓가락으로 잘 흩어가며 삶는 것이 좋다. 소면처럼 찬물에 담가 눌렀을 때 심이 남아 있지 않으면 다 익은 것이므로 재빨리 찬물에 헹궈 물기를 제거해서 사용한다. 밀가루로 만든 생면 삶는 방법도 생메밀국수 삶는 방법과 같다.

스파게티

　스파게티는 마른 상태의 면이 일반적이며 재료를 구하기도 쉽다. 스파게티를 삶을 때는 면 분량의 5~6배 정도의 넉넉한 물에 소금과 올리브기름 한 방울을 넣고 삶아야 쫄깃하면서도 서로 달라붙는 것을 방지할 수 있다. 면은 완전히 익히는 것보다는 가운데 심이 살짝 남아 있는 정도(보통 끓기 시작하여 8~9분 정도)에서 마무리하는 것이 질감이 좋다. 가장 중요한 점은 면을 삶은 후 찬물에 헹구지 않는다는 것인데, 그 이유는 물에 헹구게 되면 면의 겉 부분의 거친 느낌이 매끄러워져서 소스가 잘 배지 않기 때문이다.

밀가루 반죽하기 **국수** 뽑는 법

칼국수면 만들기

√ **재료**(4인분 기준)
중력밀가루 2컵(200g), 물 1/2컵, 소금 1작은술, 식용유 1큰술

1 중력밀가루는 고운 체에 내려 준비한다.

2 우묵한 볼에 밀가루를 넣고 물, 소금을 넣은 후 나무주걱으로 버무린다.

3 마른 가루가 안 보일 정도로 뭉쳐지면 손을 넣어 한 덩어리가 될 때까지 힘 있게 치댄다.

4 반죽을 비닐봉투에 넣어 냉장고에 보관하여 하루 정도 숙성시킨다.

5 잘 숙성된 반죽을 꺼내 다시 잘 치댄다.

6 편평한 바닥에 밀가루를 살짝 뿌린 후 반죽 덩어리를 놓고 손으로 납작하게 눌러 편 다음 밀대를 사용하여 반죽을 얇게 민다.

7 반죽 사이에 밀가루를 뿌려가며 지그재그로 접는다.

8 접은 밀가루 반죽을 0.5cm 폭으로 채 썬다.

9 채 썬 국수 면발에 남은 밀가루를 살짝 털어 가지런히 정돈시켜 놓는다.

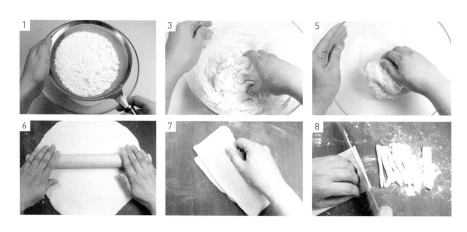

색면 만들기

√ **재료**(4인분 기준)

| 초록면 재료 | 중력밀가루 2컵(200g) 시금치(또는 부추) 2포기,
물 1/3컵, 소금 1작은술, 식용유 1큰술
| 분홍면 재료 | 중력밀가루 2컵(200g), 비트 50g,
물 1/3컵, 소금 1작은술, 식용유 1큰술
| 노란면 재료 | 중력밀가루 2컵(200g). 당근 50g,
물 1/3컵, 소금 1작은술, 식용유 1큰술

1 각각의 색을 내는 데 사용할 시금치, 비트, 당근은 분량의 물을 부어 믹서
 에 곱게 간다.

2 갈아놓은 즙은 면보자기에 꼭 짜 놓는다.

3 체에 내린 밀가루를 우묵한 볼에 넣어 위의 색즙과 소금, 식용유를 분량
 대로 넣고 치대어 반죽한 다음 비닐봉투에 넣어 마르지 않게 보관한다.

4 하루 정도 냉장 보관하여 숙성된 반죽을 밀대로 밀어 용도에 알맞은 크기
 로 채 썰어 사용한다.

맛있는 면요리

국수 뽑는 법

수제비 반죽 만들기

√ **재료**(4인분 기준)
중력밀가루 200g, 물 3/4컵, 달걀 1개, 소금 1작은술, 식용유 1큰술

1 중력밀가루는 고운 체에 내려 준비한다.

2 밀가루를 우묵한 볼에 넣고 분량의 물, 달걀, 소금, 식용유를 한데 넣은
후 나무주걱으로 골고루 저어 날가루가 보이지 않을 때까지 섞는다.

3 반죽이 적당히 섞이면 비닐봉투에 넣고 30분 이상 그대로 실온에 보관하
여 숙성시킨다.

4 반죽은 수제비를 끓일 때 손에 물을 묻혀가며 얇게 뜯어 펴서 넣어준다.

만두피 반죽 만들기

√ **재료**(4인분 기준)

중력밀가루 200g, 물 1/2컵. 소금 1작은술, 식용유 1큰술, 녹말가루 약간

1 중력밀가루는 고운 체에 내려 분량의 물, 소금, 식용유를 넣고 잘 치댄다.

2 실온에서 1~2시간 치댄 반죽을 비닐봉지에 넣고 숙성시킨다.

3 잘 숙성된 반죽을 20여 차례 이상 더 치대 매끈한 반죽 덩어리를 만든 다음 긴 원통형으로 굴려가며 모양 잡아 밤톨 크기로 썬다.

4 썰어놓은 반죽을 밀대로 둥글게 모양을 잡아가며 밀어준다.

5 반죽을 얇고 넓게 민 후 지름 10cm 정도 크기의 둥근 틀로 찍어내도 된다.

6 밀어놓은 만두피는 서로 달라붙지 않도록 사이에 녹말가루를 묻혀 냉동 보관하여 사용한다.

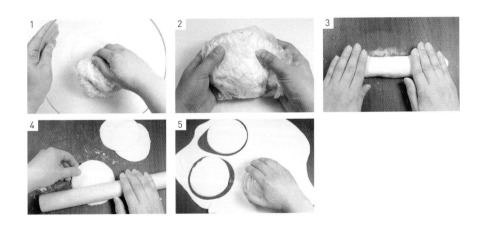

첫번째

매운 비빔면과
고소한 비빔면

열무비빔국수

매운 비빔면과
고소한 비빔면

재료 Ingredient	만드는 법 Recipe

재료 Ingredient

소면국수 · · · · ·100g
소금 · · · · ·1/4작은술
참기름 · · · · · ·1큰술
삶은 달걀 · · · ·1/2개
오이 · · · · · · ·1/8개
열무김치 · · · · ·150g
방울토마토 · · · · ·1개

만드는 법 Recipe

01 열무김치는 양념을 살짝 털어내어 3~4cm 정도 길이로 썰어
놓는다.

02 달걀은 찬물에 넣고 소금을 약간 넣어 물이 끓으면 12분간 삶
은 후 껍질을 벗겨 반으로 자른다.

03 오이는 얇게 저민 후 가지런히 모아 채를 썬다.

04 소면국수는 국수 분량의 5배 정도의 물을 붓고 삶아 찬물에 재
빨리 헹궈 물기를 뺀 후 소금과 참기름으로 밑간을 한다.

05 분량의 양념을 모두 섞어 양념장을 만든다.

06 큰볼에 **01**의 열무김치, **04**의 소면국수를 넣고 **05**의 양념장으
로 버무려 그릇에 모양내어 담는다.

07 여기에 채 썬 오이, 달걀, 방울토마토를 고명으로 얹어낸다.

Cooking note

열무김치 담는 법

1 열무(1단)를 다듬어 소금에 30분 정도 절인 후 씻어 물기를 뺀 다음, 믹서에
양파 1개, 홍고추 8개, 새우젓 1/2컵, 마늘 10쪽, 생강 1쪽, 물 1컵을 넣고 곱
게 갈아 양념을 만든다.

2 밀가루 1/2컵에 물 2컵을 넣고 밀가루 풀을 쑤어 식힌 후 위의 양념에 섞어
절인 열무를 넣고 고춧가루, 소금, 설탕, 쪽파를 썰어 넣어 버무려 담고 1~2
일 익혀 냉장고에 넣는다.

양념장
만들기

 간장 1/2큰술
 설탕 1큰술
 식초 1큰술
 고운 고춧가루
1/2큰술

 고추장 1/2큰술
 맛술 1/2큰술
 다진 마늘
1작은술
 멸치 육수 1/2컵

27

쟁반막국수

재료 Ingredient	만드는 법 Recipe

재료 Ingredient

메밀생면 · · · · ·170g
(건면 · · · · ·100g)
오이 · · · · · ·1/8개
당근 · · · · ·1/12개
배 · · · · · · ·1/4개
토마토 · · · · ·1/2개
깻잎 · · · · · · ·5장
무순 · · · · · ·1/4팩
쇠고기양지머리편육 30g

만드는 법 Recipe

01 쇠고기 양지머리는 찬물에 30분 정도 담가 핏물을 뺀 다음 향신료와 함께 끓는 물에 덩어리째 넣고 삶는다. 고기가 익으면 건져 찬물에 헹궈 기름기를 뺀 다음 면보로 감싸 눌러 놓는다. 육수는 식혀 면보에 거른 후 따로 준비한다(8p 참조).

02 오이는 어슷하게 썰고, 당근은 오이와 같은 크기로 썬다.

03 배는 납작하게 썰어 설탕물에 담갔다 건져 색이 변하는 것을 방지한다.

04 토마토는 반 잘라 꼭지 부분을 제거한 후 0.5cm 두께로 썬다.

05 깻잎은 3~4등분하여 물에 담갔다 건진 후 물기를 털어낸다.

06 무순은 물에 담가 싱싱하게 살아나면 물기를 털어낸다.

07 01의 고기가 식으면 납작하게 한입 크기로 서민 후 나머지 재료들과 함께 큰 접시에 예쁘게 돌려 담는다.

08 끓는 물에 메밀 면을 삶아 찬물에 식힌 후 물기를 제거하고 사리를 지어 07의 접시에 곁들여 담는다.

09 분량대로 잘 섞은 양념장을 곁들여 낸다.

Cooking note

메밀은 혈압을 낮추는 작용을 하며, 섬유질이 풍부하여 변비에도 매우 좋은 식품이다.

양념장 만들기

 고운 고춧가루 1큰술

 간장 1큰술

 겨자 1작은술

사이다 1큰술

 설탕 1/2큰술

 올리고당 1/2큰술

 식초 1/2큰술

 다진 마늘 1작은술

 참기름 1작은술

 깨소금 1/2작은술

 쇠고기 육수 1/4컵

 소금 약간

함흥비빔냉면

재료 Ingredient

건냉면 · · · · ·100g
(생면 · · · · ·200g)
삶은 달걀 · · · ·1/2개
배 · · · · · ·1/12개
쇠고기 편육 · · · ·30g

무김치
무 50g
식초 1/2큰술
설탕 1/2큰술
소금 1/4작은술

고기 밑간(양념)
다진 쇠고기 30g
간장 1/3작은술
설탕 1/4작은술
다진 마늘 1/4작은술
깨소금 약간
후춧가루 약간
참기름 약간

만드는 법 Recipe

01 무는 폭 1.5cm, 두께 0.1cm 정도로 얇게 썰어 분량의 식초, 설탕, 소금으로 버무려 밑간을 하여 새콤달콤한 무김치를 만든다.

02 달걀은 삶아 껍질을 벗긴다.

03 배는 얇게 썰고, 쇠고기 편육도 얇고 납작하게 썰어 놓는다.

04 양념장에 넣을 다진 쇠고기에 밑간을 하여 볶아 놓는다.

05 04의 고기에 아래의 양념장 재료를 넣고 잘 섞어 비빔냉면 양념장을 만들어 놓는다.

06 냉면은 끓는 물에 삶아 찬물에 재빨리 헹궈 물기를 제거한 후 사리를 지어 그릇에 담고 05의 양념장을 끼얹는다.

07 그 위에 준비된 01의 무와 함께 배, 쇠고기 편육, 달걀을 차례로 얹어낸다.

Cooking note

우리가 먹는 비빔냉면은 함흥지방의 냉면으로, 면발은 주로 감자 또는 고구마 전분을 이용해서 만들었기 때문에 메밀로 만든 평양냉면보다는 면이 탄력 있고 질긴 편이라 비빔냉면으로 만들어 먹기에 알맞다.

양념장 만들기

 다진 쇠고기 30g
 고운 고춧가루 1큰술
 간장 1/2큰술
 소금 1/4작은술
 설탕 1/2큰술
 올리고당 1/2큰술
 식초 1큰술
 맛술 1작은술
 후춧가루 약간
 깨소금 1/2작은술
 동치미 국물 1/4컵 (또는 시판 냉면 육수 1/4컵)

쫄면

| 재료 Ingredient | 만드는 법 Recipe |

재료 Ingredient

쫄면 · · · · · · · 200g
양배추 · · 50g(1잎 정도)
오이 · · · · · · · 1/6개
콩나물 · · · · · 80g
당근 · · · · · 1/16개
달걀 · · · · · · 1/2개

만드는 법 Recipe

01 쫄면은 면 가닥을 비벼가며 잘 떼어 놓는다.

02 달걀은 찬물에 소금을 약간 넣고 굴려가며 물이 끓으면 12분 동안 삶아 완숙하여 찬물에 식힌다.

03 콩나물은 끓는 물에 소금을 넣고 삶아 찬물에 식혀 아삭하게 준비한다.

04 양배추는 곱게 채 썰어 물에 담가 싱싱하게 준비한다.

05 오이와 당근은 각각 양배추와 같은 크기로 채 썬다.

06 분량의 양념을 잘 섞어 양념장을 만든다.

07 끓는 물에 01의 쫄면을 넣어 삶은 후 재빨리 찬물에 비벼가며 씻어 물기를 제거한다.

08 그릇에 07의 쫄면을 담고 양념장을 끼얹은 후 준비된 양배추, 오이, 당근, 콩나물, 달걀 삶은 것을 고명으로 얹어낸다.

Cooking note

인천의 냉면 공장에서 냉면을 만들다가 우연히 굵게 뽑아진 국수가락으로 음식을 만들어 팔았던 데서 유래된 쫄면은 냉면보다는 덜 질기면서도 쫄깃한 맛을 낸다. 콩나물을 삶아 차게 식혀야 아삭한 질감이 나며 이는 쫄면에서 없어서는 안 될 최고의 재료이다.

양념장 만들기

 고운 고춧가루 1/2큰술
 고추장 1/2큰술
 간장 1/2큰술
 식초 1큰술

 설탕 1/2큰술
 물엿 1/2큰술
 사이다 1큰술
 다진 마늘 1작은술

 깨소금 1/2작은술
 참기름 1작은술

골뱅이소면

| 재료 Ingredient | 만드는 법 Recipe |

재료 Ingredient

골뱅이 통조림 ‥100g
소면국수 ‥‥‥‥50g
소금, 참기름 ‥‥약간
오이 ‥‥‥‥‥1/8개
당근 ‥‥‥‥1/12개
대파 ‥‥‥‥‥‥2대
홍고추 ‥‥‥‥1/2개
풋고추 ‥‥‥‥‥1개
양파 ‥‥‥‥‥1/8개
토마토 ‥‥‥‥1/2개
치커리 ‥‥‥‥약간

만드는 법 Recipe

01 골뱅이는 통조림으로 준비해서 국물은 따로 담아 놓고 절반으로 썰어 놓는다.

02 오이와 당근은 5cm 정도 길이로 납작하게 썬다.

03 대파는 5cm 길이로 어슷하고 가늘게 썰어 물에 담가두고, 양파도 얇게 채 썰어 물에 담가 매운맛을 뺀다.

04 풋고추와 홍고추도 어슷하게 썰어 씨를 뺀다.

05 배는 오이와 같은 크기로 썬다.

06 분량의 양념을 잘 섞어 양념장을 만든다.

07 소면은 먹기 직전 끓는 물에 삶아 찬물에 헹군 후 소금과 참기름으로 밑간을 해서 사리를 둥글게 만든다.

08 골뱅이와 나머지 준비된 재료를 한데 섞고 **06**의 양념으로 버무려 낸다.

09 접시에 링으로 썬 토마토를 깔고 소면과 골뱅이 무침을 보기 좋게 담은 후 치커리로 장식한다.

Cooking note

술안주로도 매우 친숙한 골뱅이 무침은 소면 대신 냉면이나 쫄면, 칼국수면을 같이 삶아 곁들여도 좋고, 오징어채 또는 대구포, 북어포 등과 같이 무쳐내도 좋다.

양념장
만들기

 간장 1.5큰술

 맛술 1큰술

 소금 1/4작은술

 후춧가루 약간

 설탕 1큰술

 고춧가루 2큰술

 깨소금 1작은술

 참기름 1작은술
물엿 1큰술

 다진 마늘 1큰술

 다진 생강 1/4작은술

 골뱅이 국물 2큰술

 식초 2큰술

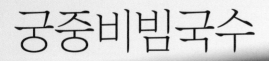

궁중비빔국수

재료 Ingredient	만드는 법 Recipe

소면국수 · · · · · 100g
쇠고기 · · · · · · 30g
표고버섯 · · · · · 2장
오이 · · · · · · 1/4개
당근 · · · · · · 1/8개
달걀 · · · · · · 1개
실고추 · · · · · 약간
소금 · · · · · · 약간
식용유 · · · · 적당량

01 쇠고기는 가늘게 채를 썬다.

02 표고버섯은 따뜻한 물에 불려 기둥을 떼고 가늘게 채 썬다.

03 분량의 양념을 잘 섞어 양념장을 만들어, 절반 분량을 위의 쇠고기와 표고버섯에 넣어 밑간한다.

04 오이는 5cm 길이로 돌려깎아 채를 썰어 소금에 살짝 절인 후 물기를 꼭 짠다.

05 당근도 오이와 같은 크기로 채 썰어 소금에 절인 다음 물기를 짜 놓는다.

06 달걀은 황백으로 나누어 잘 푼 다음 얇게 지단을 부친다.

07 팬에 식용유를 두르고 오이, 당근, 표고버섯, 쇠고기의 순서로 각각 볶아 놓는다.

08 소면국수는 끓는 물에 삶아 찬물에 재빨리 헹궈 물기를 뺀 후 남은 양념장에 버무려 간을 하고 부족한 간은 소금으로 한다.

09 08에 볶아 놓은 오이, 당근, 표고버섯, 쇠고기를 넣고 다시 버무린다.

10 그릇에 09의 버무려 놓은 국수를 담고 가늘게 채 썬 달걀지단과 실고추를 고명으로 얹어낸다.

Cooking note

골동면이라고도 불리는 궁중식 비빔국수는 고추장 양념을 사용하지 않아 맛이 담백하며 깔끔한 것이 특징으로 우리나라 전통 음식의 맛과 모양을 잘 살린 음식이다.

양념장 만들기

 간장 1큰술

 설탕 1/2큰술

 다진 파 1큰술

 다진 마늘 1작은술

 깨소금 1작은술

 후춧가루 약간

 참기름 1큰술

회냉면

재료 Ingredient

건냉면 · · · · · 100g
(생면 · · · · · 200g)
달걀 · · · · · · · 1개
배 · · · · · · 1/12개
홍어 · · 50g(식초 1큰술)
무 · · · · · · · · 40g
오이 · · · · · · 1/8개

만드는 법 Recipe

01 홍어는 결 반대 방향으로 얇게 썬 후 분량의 식초에 30분 정도 담갔다 씻어 건져 물기를 꼭 짜 놓는다.

02 달걀은 잘 섞어 얇게 지단을 부친 후 채를 썰어 놓는다.

03 무는 홍어와 같은 크기로 썰어 소금에 살짝 절여 물기를 뺀다.

04 오이도 무와 같이 절여 물기를 꼭 짜 놓는다.

05 배는 굵게 채 썰어 놓는다.

06 분량의 양념을 잘 섞어 양념장을 만든다.

07 홍어, 무, 오이를 한데 담고 위의 양념장 중 절반을 넣어 버무려 홍어 무침을 만든다.

08 면을 삶아 찬물에 헹궈 건진 후 우묵한 볼에 담고 남은 양념을 넣고 버무려 그릇에 소복히 담는다.

09 면 위에 **07**의 홍어 무침과 채 썬 배를 얹고 달걀지단을 고명으로 얹어낸다.

Cooking note

홍어의 톡 쏘는 발효 냄새를 즐기는 경우에는 발효된 홍어를 구입하여 회를 무쳐도 좋으며 식초 대신 막걸리에 담가 놓아도 홍어의 맛을 잘 살릴 수 있다.

 양념장 만들기

 고운 고춧가루 1큰술
 고추장 1/2큰술
 간장 1/2큰술
 소금 1/4작은술

 설탕 1/2큰술
 물엿 1/2큰술
 식초 1큰술
 맛술 1/2큰술

 후춧가루 약간
 깨소금 1/2작은술

낙지볶음소면

| 재료 Ingredient | 만드는 법 Recipe |

재료 Ingredient

소면 · · · · · · · 100g
낙지(중 크기) · · · 1마리
　　　　(150g 정도)
양파 · · · · · · · 1/8개
당근 · · · · · · · 1/12개
풋고추 · · · · · · · 1개
홍고추 · · · · · · 1/2개
대파 · · · · · · · 1/4대
식용유 · · · · 1/2큰술
참기름 · · · · 1/2큰술

만드는 법 Recipe

01 낙지는 먹물과 내장을 제거한 후 소금으로 주물러 씻어 이물질을 깨끗이 제거한 다음 6cm 길이로 썰어 놓는다.

02 당근은 길이 4cm, 폭 1cm의 크기로 썰고, 양파는 도톰하게 채를 썬다.

03 대파와 풋고추, 홍고추는 어슷하게 썬다.

04 분량의 양념을 잘 섞어 준비한다.

05 팬에 식용유와 참기름을 두르고 양파, 당근 순서대로 센 불에서 재빨리 볶는다.

06 05에 준비한 양념을 넣어 볶다가 낙지를 넣고 볶는다.

07 낙지가 익으면 대파, 고추를 넣고 버무리듯 가볍게 볶아낸다.

08 끓는 물에 소면을 삶아 찬물에 헹군 후 같이 곁들여 낸다.

Cooking note

가을 낙지는 뱃속에 알을 잔뜩 품고 있어 특히 맛이 좋으며 낙지 대신 오징어나 주꾸미를 사용하여 위의 방식대로 만들어도 좋다.

양념
만들기

 고운 고춧가루
1큰술

 굵은 고춧가루
1/2큰술

 다진 마늘 1큰술

 다진 생강
1/2작은술

 깨소금
1/2작은술

 설탕 1큰술

 간장 1큰술

 소금 1/4작은술

 후춧가루 약간

쌀국수비빔면

재료 Ingredient

쌀국수(버미셀리) · · 70g
쇠고기 · · · · · · 40g
달걀 · · · · · · 1/2개
피망 · · · · · · 1/2개
숙주나물 · · · · 50g
당근 · · · · · · 40g
깻잎 · · · · · · 5장
소금 · · · · · · 약간
참기름 · · · · · 약간
식용유 · · · · · 약간

쇠고기 양념
간장 1작은술
설탕 1/2작은술
다진 마늘 1/2작은술
깨소금 1/4작은술
참기름 1/2작은술
후춧가루 약간

만드는 법 Recipe

01 쌀국수는 가장 가는 버미셀리로 준비하여 물에 30분 정도 불려 놓는다.

02 쇠고기는 5cm 길이로 가늘게 채 썬 다음 분량의 고기 양념으로 양념한 후 볶아 놓는다.

03 달걀은 약간의 소금을 넣고 잘 풀어 얇게 지단을 부친 다음 5cm 길이로 곱게 채 썬다.

04 피망은 5cm 길이로 채 썰어 소금 간하여 볶는다.

05 숙주나물은 생으로 준비한다.

06 당근은 5cm 길이로 채를 썰어 소금 간하여 부드러워질 때까지 볶는다.

07 분량의 양념을 잘 섞어 양념장을 만든다.

08 불려놓은 쌀국수는 끓는 물에 살짝 삶아 찬물에 헹군 다음 물기를 빼 놓는다.

09 그릇에 깻잎과 숙주나물을 깔고 **08**의 국수를 그 위에 얹은 다음 준비된 위의 재료들을 국수 위에 풍성하게 얹어낸다.

10 양념장을 곁들여 낸다.

Cooking note
버미셀리는 쌀국수 중에서도 가장 가는 면으로, 쌀국수는 물에 담가 부드럽게 불렸다 삶으면 삶는 시간을 단축시킬 수 있다.

양념장 만들기

 피시소스 1큰술
 설탕 1/2큰술
 식초 1/2큰술
 깨소금 1작은술

 쪽파 1줄기
 마늘 1작은술
 참기름 1/2큰술

새싹비빔국수

재료 Ingredient	만드는 법 Recipe

재료 Ingredient

소면국수 · · · · · 100g
새싹 · · · · · · · 70g
깻잎 · · · · · · · 5장
무순 · · · · · · · 1/4팩
당근 · · · · · · · 1/12개

만드는 법 Recipe

01 색색의 새싹을 흐르는 물에 씻어 체에 밭쳐 물기를 제거한다.

02 깻잎은 흐르는 물에 깨끗이 씻어 곱게 채를 썬다.

03 당근도 곱게 채를 썬다.

04 약고추장용 재료인 고추장, 설탕, 다진 마늘, 깨소금, 참기름, 후춧가루, 물을 한데 잘 섞어 놓는다.

05 팬을 달궈 다진 쇠고기를 볶다 위의 양념을 넣고 걸쭉해질 때까지 졸여 약고추장을 만든다.

06 끓는 물에 소면국수를 넣고 삶아 찬물에 재빨리 헹궈 물기를 빼 놓는다.

07 06의 면을 시원한 느낌의 유리그릇에 담고 준비된 새싹과 나머지 채소를 얹는다.

08 여기에 약고추장을 살짝 곁들여 낸다.

Cooking note

● 약고추장은 새싹비빔국수의 양념뿐 아니라 비빔밥에도 사용되며 여행 시에 밑반찬으로 준비해 가면 요긴하게 사용할 수 있다.

● 양념을 졸일 때 너무 바짝 졸이면 식은 후 더욱 굳어지므로 적당히 묽게 졸이는 것이 중요하다.

약고추장
만들기

 다진 쇠고기 15g

 고추장 1.5큰술

 설탕 1/2큰술

 다진 마늘 1작은술

 깨소금 1/2작은술

 참기름 1큰술

 후춧가루 약간

 물 1/4컵

실곤약비빔국수

매운 비빔면과
고소한 비빔면

재료 Ingredient

실곤약 · · · · · 200g
오이 · · · · · 1/8개
당근 · · · · · 1/16개
양파 · · · · · 1/8개
겨자잎(또는 상추) · · 2장
닭가슴살 · · · · 50g

만드는 법 Recipe

01 실곤약은 끓는 물에 5분 정도 삶아 냄새를 제거한 후 찬물에 식혀 물기를 빼 놓는다.

02 닭가슴살은 끓는 물에 삶아 가늘게 찢어 놓는다.

03 오이와 당근은 각각 곱게 채를 썬다.

04 양파는 채 썰어 물에 담가 매운맛을 없앤 후 체에 받쳐 물기를 제거한다.

05 겨자잎(또는 상추)은 찬물에 담가 싱싱하게 준비한다.

06 홍고추와 쪽파는 곱게 다져 분량의 양념과 잘 섞어 양념장을 만든다.

07 그릇에 **01**의 실곤약과 닭가슴살, 오이, 당근, 양파를 골고루 섞어 놓는다.

08 접시에 겨자잎(또는 상추)을 깔고 그 위에 **07**을 소복하게 담는다.

09 여기에 양념장을 골고루 끼얹어 낸다.

Cooking note

곤약은 구약나무의 알줄기를 가공해서 만든 것으로 칼로리가 없고 식이섬유가 풍부하여 콜레스테롤을 낮춰주며 다이어트에 매우 도움이 되는 식품이다. 전골 요리에 면 대신 사용해도 좋으며 시간이 지나도 붇지 않는 장점이 있다.

양념장 만들기

 홍고추 1/2개
 쪽파 1대
 간장 1.5큰술
 다진 파 1큰술
 다진 마늘 1작은술
 깨소금 1/2작은술

불고기당면국수

재료 Ingredient	만드는 법 Recipe

재료 Ingredient

당면 · · · · · · 50g
식용유 · · · · 적당량
소금 · · · · · · 약간
쇠고기 · · · · · 80g
양파 · · · · · · 1/8개
피망 · · · · · · 1/4개
홍피망 · · · · · 1/4개
표고버섯 · · · · · 2장
팽이버섯 · · · 1/4봉지
참기름 · · · · · 약간
깨소금 · · · · · 약간

당면 밑간
간장 1큰술
설탕 1/2큰술
참기름 1큰술

만드는 법 Recipe

01 당면은 물에 담가 부드럽게 불린 후 끓는 물에 3~4분 정도 삶아 찬물에 헹궈 물기를 뺀다.

02 물기 뺀 당면에 분량의 간장, 설탕, 참기름으로 밑간을 한다.

03 쇠고기는 얇은 불고기감으로 준비하여 분량의 재료로 양념을 해 놓는다.

04 양파와 피망, 홍피망은 각각 채를 썬다.

05 표고버섯은 채를 썰고, 팽이버섯은 밑동을 잘라 찢어 놓는다.

06 팬을 달궈 식용유를 두르고 쇠고기, 양파, 버섯, 피망의 순으로 볶는다.

07 여기에 **02**의 당면을 넣고 서로 맛이 어우러지도록 볶는다.

08 마지막에 소금, 참기름, 깨소금으로 다시 양념하여 버무려 그릇에 담아낸다.

Cooking note

당면은 고구마 전분으로 면을 뽑아 동결 건조시킨 것으로 쉽게 불지 않으므로 바쁠 때는 미리 삶아 밑간을 해 놓고 냉장 보관하여 하루, 이틀 지나 사용해도 좋다.

불고기 양념 만들기

 간장 1/2큰술

 설탕 1작은술

 다진 파 1작은술

 다진 마늘 1/2작은술

 깨소금 1/2작은술

 참기름 1작은술

 후춧가루 약간

고추장비빔국수

매운 비빔면과
고소한 비빔면

재료 Ingredient	만드는 법 Recipe

소면국수 · · · · · 100g
김치 · · · · · · 50g
오이 · · · · · · 1/8개
당근 · · · · · 1/12개
새싹 · · · · · · 약간

김치 양념
참기름 1작은술
설탕 1작은술
깨소금 1/2작은술

01 김치는 송송 썰어 물기를 살짝 제거한 뒤 분량의 재료로 양념해 놓는다.

02 오이는 채 썰어 얼음물에 담갔다 싱싱해지면 건져 물기를 빼 놓는다.

03 당근도 오이와 같이 채 썰어 얼음물에 담갔다 건져 놓는다.

04 분량의 양념을 잘 섞어 고추장 양념을 만든다.

05 끓는 물에 소면국수를 넣고 삶아 찬물에 재빨리 헹궈 물기를 빼 놓는다.

06 우묵한 그릇에 05의 소면국수를 넣고 준비해 놓은 고추장 양념과 양념한 김치를 같이 넣어 잘 버무린다.

07 그릇에 비벼 놓은 국수를 담고 오이와 당근 채, 새싹을 고명으로 얹어낸다.

Cooking note

매콤하게 비벼먹는 비빔국수는 김치나 오이, 당근뿐만 아니라 양배추, 콩나물 삶은 것, 깻잎, 상추 등 다양한 재료를 응용할 수 있으며 고추장 양념은 냉장고에 한 달 정도는 보관이 가능하므로 미리 만들어 놓고 필요할 때 사용한다.

 고추장 1큰술
 설탕 1/2큰술
 참기름 1작은술
 깨소금 1/2작은술

 물엿 1큰술
 물 1큰술
 다진 마늘 1/2작은술

비빔막국수

재료 Ingredient	만드는 법 Recipe

생메밀면 · · · · ·170g
(건면 · · · · · ·100g)
김치 국물 · · · ·1/4컵
멸치 육수 · · · ·1/4컵
설탕 · · · · · ·1/2큰술
식초 · · · · · ·1/2큰술
소금 · · · · ·1/4작은술
김치 · · · · · ·80g
오이 · · · · · ·1/8개
무 · · · · · · ·30g

1 멸치 육수(9p 참조)를 우려내 동량의 김치 국물과 섞어 소금, 설탕, 식초 등으로 양념을 하여 국물을 준비한다.

2 김치는 송송 썰어 놓는다.

3 오이는 곱게 채 썰어 찬물에 담가 싱싱하게 준비한다.

4 무는 5cm 정도 길이로 곱게 채 썬다.

5 분량의 고운 고춧가루, 간장, 다진 마늘, 생강즙, 참기름, 설탕, 물엿을 한데 잘 섞어 양념장을 만든 다음 01의 국물에 섞어 놓는다.

6 끓는 물에 메밀국수를 넣고 삶아 완전히 익으면 찬물에 헹궈 물기를 빼 놓는다.

7 삶아진 메밀국수는 그릇에 소복하게 담는다.

8 여기에 오이, 무, 김치를 모양내어 얹어내고 05의 양념을 곁들인다.

Cooking note

메밀국수 자체가 약간 퍽퍽한 질감이 있기 때문에 양념장으로만 되직하게 비비는 것보다는 김치 국물과 멸치 육수에 양념한 육수를 곁들여야 촉촉해서 먹기 좋다.

양념장
만들기

 고운 고춧가루
1큰술

 간장 1/2큰술

 다진 마늘
1/2작은술

 생강즙
1/4작은술

 참기름 1작은술

 설탕 1/2큰술

 물엿 1/2큰술

맛있는
면요리

두번째

볶음면과
스파게티

볶음짬뽕

재료 Ingredient (1인분)	만드는 법 Recipe

생중화면 · · · · ·170g
(냉동면 · · · · ·200g)
마늘 · · · · · · · ·1쪽
생강 · · · · · · ·1/2쪽
대파 · · · · · · ·1/4대
양파 · · · · · · ·1/8개
목이버섯 · · · · ·2장
오징어 · · · ·1/4마리
홍합살 · · · · · · 30g
돼지고기 · · · · · 30g

물녹말
녹말가루 1큰술
물 1큰술

01 돼지고기는 납작하게 썰어 준비한다.

02 오징어는 껍질과 내장을 제거하고 안쪽에 칼집을 넣어 먹기 좋은 크기로 썬다.

03 홍합살은 소금물에 씻어 준비한다.

04 마늘은 다지고, 생강은 편으로 썬다.

05 대파는 어슷하게 썰고, 양파는 채를 썬다.

06 목이버섯은 따뜻한 물에 불려 적당한 크기로 뜯어 놓는다.

07 팬에 **고추기름**을 두르고 마늘, 생강, 대파의 순으로 볶는다.

08 여기에 돼지고기, 양파, 목이버섯, 오징어, 홍합살의 순으로 넣고 잠시 볶다가 **고춧가루**를 넣어 볶는다.

09 재료가 익고 매운맛이 우러나면 분량의 물을 붓고 끓인다. 여기에 **간장과 굴소스, 소금, 후춧가루**로 간을 한다.

10 위의 국물이 팔팔 끓으면 **물녹말**로 농도를 맞춘다.

11 면은 끓는 물에 삶아 체에 밭친 후 **10**에 넣고 **참기름**을 넣어 서로 어우러지도록 버무려 낸다.

Cooking note

물녹말은 음식의 촉감을 부드럽게 해주고 뜨거운 음식을 빨리 식지 않도록 하면서 음식에 윤기를 주므로 더욱 먹음직스럽게 보여 중국 요리에 많이 쓰인다.

순서대로
양념하기

 고추기름 2큰술 ▷▷ 고춧가루 1큰술 ▷▷ 물 1컵 ▷▷ 간장, 굴소스 1/2큰술씩

 소금, 후춧가루 약간 ▷▷ 물녹말 ▷▷ 참기름 약간

볶음우동

재료 Ingredient	만드는 법 Recipe

생우동면 · · · · ·200g
(냉동 우동면 · · ·200g)
오징어 · · · · ·1/4마리
새우살 · · · · · ·30g
돼지고기 · · · · ·30g
양배추 ·30g(1/2잎 정도)
숙주 · · · · · · ·30g
당근 · · · · · · ·1/16개
쪽파 · · · · · ·1줄기

돼지고기 양념
간장 1/2작은술
후춧가루 약간

01 우동면은 끓는 물에 삶아 찬물에 헹궈 물기를 빼 놓는다.
02 오징어는 손질하여 링 모양 또는 채로 썰고, 새우살은 소금물에 씻어 놓는다.
03 돼지고기는 한입 크기로 썰어 분량의 양념으로 밑간한다.
04 양배추와 당근은 채 썰고, 숙주는 꼬리를 다듬어 놓는다.
05 쪽파는 송송 썰어 준비한다.
06 팬에 **식용유**를 두르고 돼지고기를 볶다가 오징어, 새우의 순서로 넣어 볶는다.
07 **06**에 양배추, 당근, 숙주의 순서로 넣어 볶다가 우동면을 넣어 재빨리 볶은 다음 분량의 **굴소스**와 **참기름**으로 간을 한다.
08 볶아진 우동을 접시에 담고 **마요네즈**와 **돈까스 소스**를 각각 비닐봉투에 넣고 구멍을 낸 후 면 위에 짜서 모양을 낸다.
09 면이 뜨거울 때 **가쓰오부시**와 송송 썬 **쪽파**를 뿌려낸다.

Cooking note
- 면이 뜨거울 때 가쓰오부시를 얹어내면 가쓰오부시가 마치 춤을 추는 것처럼 움직여 입뿐만 아니라 눈까지 즐겁게 해준다.
- 냉동된 우동면을 사용할 때는 끓는 물에 1분간만 삶아 사용한다.

순서대로 양념하기

 식용유 약간 ▶▶ 굴소스 1큰술 ▶▶ 참기름 1/2큰술 ▶▶ 마요네즈 약간

 돈까스 소스 약간 ▶▶ 가쓰오부시 1큰술 ▶▶ 쪽파 1줄기

59

해물볶음쌀국수

재료 Ingredient

쌀국수 · · · · · 100g
(넓은 모양의 면)
양파 · · · · · · 1/6개
당근 · · · · · · 1/16개
피망 · · · · · · 1/4개
죽순(통조림) · · · 1/4쪽
표고버섯 · · · · · 2장
대파 · · · · · · 1/4대
마늘 · · · · · · 1쪽
생강 · · · · · · 1/2쪽
숙주 · · · · · · 50g
쪽파 · · · · · · 1뿌리
달걀 · · · · · · 1개
오징어 · · · · · 1/4마리
새우살 · · · · · 30g

만드는 법 Recipe

01 쌀국수는 물에 담가 30분 이상 불린 후 끓는 물에 1분 정도 삶아 찬물에 헹궈 물기를 빼 놓는다.

02 양파와 당근, 피망과 죽순, 표고버섯은 각각 5cm 길이로 굵게 채를 썬다.

03 마늘과 생강은 얇게 편으로 썰고, 생으로 준비한다.

04 쪽파는 5cm 길이로 썰고, 대파도 같은 크기로 채 썬다.

05 오징어는 껍질을 벗긴 후 안쪽에 칼집을 넣고 길이 5cm, 폭 1cm 크기로 썬다.

06 새우살은 소금물에 씻어 체에 받쳐 물기를 제거한다.

07 달군 팬에 식용유를 두른 후 달걀 푼 것을 부어 저어가며 익혀 스크램블 에그를 만든다.

08 팬을 달궈 **식용유**를 두른 후 마늘과 생강을 넣고 같이 볶는다.

09 다음으로 양파, 대파, 당근, 죽순, 표고버섯, 피망, 숙주의 순으로 넣고 재빨리 볶는다.

10 **09**에 손질해둔 오징어와 새우살을 넣어 볶다가 **피시 소스**와 **굴소스**로 간을 하고, **닭 육수**(11p 참조)를 부어 살짝 끓인 후 **01**의 쌀국수, **07**의 스크램블 에그, 쪽파를 넣고 같이 볶는다.

11 부족한 간은 **소금**으로 맞추고 **후춧가루**를 살짝 뿌린 후 접시에 담아낸다.

Cooking note

볶음용 쌀국수는 넓은 면을 사용하는 것이 좋으며, 피시 소스가 없을 경우에는 멸치액젓이나 까나리액젓으로 대신할 수도 있다.

순서대로
양념하기

 식용유 약간 ▶▶ 피시 소스 1/2큰술 ▶▶ 굴소스 1/2큰술 ▶▶ 닭 육수 1/4컵 ▶▶ 소금, 후춧가루 약간

짜장면

재료 Ingredient (1인분)　　　**만드는 법** Recipe

생중화면 · · · · 170g
(냉동면 · · · · 200g)
돼지고기 · · · · 30g
감자 · · · · · · 1/4개
양파 · · · · · · 1/4개
생강 · · · · · · 1/2쪽
대파 · · · · · · 1/4대
양배추 · · · · · 1잎
오이 · · · · · · 1/8개

물녹말
녹말 1큰술
물 1큰술

01 돼지고기는 굵게 다져 놓는다.
02 감자는 사방 0.7cm 정도 크기의 정육면체로 썰고, 양파는 감자와 같은 크기로 썬다.
03 생강은 곱게 다지고, 대파 · 양배추는 각각 감자 크기로 썬다.
04 오이는 채 썰어 고명으로 준비한다.
05 팬에 **식용유**를 두르고 **춘장**을 천천히 오래 볶다가 체에 밭쳐 기름을 뺀다.
06 다른 팬에 식용유를 살짝 두른 후 생강, 대파, 돼지고기를 넣고 볶는다. 여기에 감자, 양파, 양배추를 넣고 같이 볶다가 **5**의 춘장을 넣고 서로 어우러지도록 볶는다.
07 재료가 춘장과 어우러지면 **닭 육수**(11p 참조)를 넣고 끓인다.
08 국물이 한소끔 끓으면 **일본 된장, 간장, 설탕**으로 간을 하고 다시 한소끔 끓이다가 **물녹말**을 풀어 걸쭉하게 농도를 맞춘 후 **참기름**을 넣는다.
09 끓는 물에 생면을 넣고 삶아 찬물에 헹군 후 다시 뜨거운 물에 면을 데워 그릇에 담은 다음 **08**의 짜장 소스를 끼얹고 오이 채를 얹어낸다.

Cooking note

어릴 때 외식 메뉴로 가장 좋아했던 짜장면은 지금도 많은 사람들에게 사랑받는 **음식**으로 육수를 넣지 않고 되직하게 볶아낸 짜장 소스를 얹으면 간짜장이 되고 고기 대신 여러 해물을 넣으면 삼선짜장이 된다.

순서대로 양념하기

 식용유 2큰술   춘장 1큰술   닭 육수 1컵 일본 된장 1작은술

 간장 1/2큰술   설탕 1/2큰술 물녹말   참기름 1작은술

야끼소바

재료 Ingredient	만드는 법 Recipe

재료 Ingredient

생메밀면 · · · · ·170g
(건면 · · · · · ·100g)
돼지고기 · · · · ·30g
양배추 · · · · · · ·1잎
당근 · · · · · ·1/12개
양파 · · · · · · ·1/6개
피망 · · · · · · ·1/4개
생강 · · · · · ·1/2쪽
팽이버섯 · · · ·1/4봉지
숙주 · · · · · · ·30g

데리야끼 소스
간장 1큰술
설탕 1큰술
청주 1큰술

돼지고기 밑간
간장 1작은술
설탕 1/2작은술
후춧가루 약간

물녹말
녹말가루 1/2큰술
물 1/2큰술

만드는 법 Recipe

01 냄비에 분량의 간장, 설탕, 청주를 넣고 끓여 반으로 졸여 데리야끼 소스를 만든다.

02 돼지고기는 채 썰어 분량의 양념을 넣어 밑간을 해 놓는다.

03 양배추와 당근, 양파, 피망, 생강은 각각 채를 썰어 놓는다.

04 숙주는 깨끗이 씻어 물기를 빼 놓고, 팽이버섯은 밑동을 잘라 잘게 뜯어 놓는다.

05 메밀 생면은 끓는 물에 삶아 찬물에 헹군 후 물기를 제거한다.

06 팬에 **식용유**를 두르고 **05**의 메밀 생면을 펼쳐 은근히 구워 접시에 담는다.

07 다른 팬에 기름을 두르고 채 썬 생강을 볶다가 돼지고기, 양파, 당근, 양배추, 피망의 순으로 넣어 볶는다.

08 여기에 **01**의 데리야끼 소스를 넣고 양념한 뒤 **가다랑어포 육수**(10p 참조)를 넣어 살짝 끓인다. 팽이버섯과 **물녹말**을 조금씩 넣어 농도를 맞춘 후 **소금, 후춧가루**로 간을 한다.

09 **06**의 구워진 면 위에 **08**의 소바 소스를 끼얹어 낸다.

Cooking note

야끼라는 말은 구운 요리라는 뜻의 일본어이며, 야끼소바는 일본의 대중적인 음식이다. 면을 굽는 대신 다른 재료와 어우러지도록 같이 볶아서 만들기도 하며 매콤한 양념을 곁들이기도 한다.

순서대로
양념하기

 식용유 약간 ▶▶ 데리야끼 소스 ▶▶ 가다랑어포 육수 ▶▶ 물녹말

 소금 1작은술 ▶▶ 후춧가루 약간

김치볶음면

재료 Ingredient	만드는 법 Recipe

생중화면 · · · · ·170g
(냉동 중화면 · · ·200g)
배추김치 · ·2줄기(100g)
햄 · · · · · · ·50g
양파 · · · · · ·1/4개
풋고추 · · · · · ·1개
홍고추 · · · · ·1/2개
쪽파 · · · · · ·1줄기

양념장
고추장 1작은술
고춧가루 1작은술
설탕 1작은술
참기름 1작은술
물 1큰술

01 배추김치는 속을 털어내고 7cm 길이로 썬 후 결 방향으로 채를 썬다.

02 햄은 김치와 같은 크기로 굵게 채를 썬다.

03 양파는 채 썰고, 마늘은 다져 준비한다.

04 풋고추와 홍고추는 각각 씨를 제거하여 채를 썬다.

05 쪽파는 송송 썰어 준비한다.

06 분량의 양념을 잘 섞어 양념장을 만든다.

07 끓는 물에 중화면을 4분 정도 삶아 찬물에 헹궈 물기를 제거해 놓는다.

08 팬을 달군 후 **고추기름**을 두르고 **버터**를 넣어 녹인 후 다진 마늘을 볶는다.

09 **08**에 배추김치를 넣어 볶다가 양파, 햄의 순으로 볶는다.

10 재료가 어우러지도록 볶아지면 **06**의 **양념장**을 넣고 볶다가 **07**의 중화면을 넣고 같이 볶는다.

11 마지막으로 풋고추, 홍고추를 넣고 살짝 볶아 접시에 담아낸다.

Cooking note

중화면은 생면으로 되어 있어 건면에 비해 쫄깃한 맛이 강하다. 냉동 중화면을 사용해도 좋으며 이때는 익은 면이므로 끓는 물에 1분 정도만 삶는 것이 좋다.

순서대로
양념하기

 고추기름
1작은술

 버터 1작은술

 다진 마늘
1쪽

 양념장

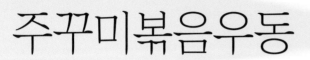

주꾸미볶음우동

복음면과
스파게티

재료 Ingredient

생우동면 · · · · ·200g
(냉동 우동면 · · ·200g)
주꾸미(중크기) · ·5마리
양파 · · · · · · ·1/6개
당근 · · · · · ·1/12개
풋고추 · · · · · · ·1개
홍고추 · · · · · ·1/2개
대파 · · · · · · ·1/4대
식용유 · · · · ·1/2큰술
참기름 · · · · ·1/2큰술

양념장
고운 고춧가루 1/2큰술
고추장 1/2큰술
다진 마늘 1작은술
다진 생강 1/4작은술
깨소금 1/2작은술
설탕 1큰술
간장 1작은술
소금 1/4작은술
후춧가루 약간

만드는 법 Recipe

01 주꾸미는 먹물과 내장을 제거하고 소금으로 주물러 씻어 이물질을 깨끗이 제거한 다음 먹기 좋은 크기로 썰어 놓는다.

02 당근은 길이 4cm, 폭 1cm 크기로 썰어 놓고, 양파는 도톰하게 채 썬다.

03 대파와 풋고추, 홍고추는 어슷하게 썬다.

04 분량의 양념을 잘 섞어 양념장을 만들어 놓는다.

05 우동면은 끓는 물에 삶아 찬물에 가볍게 헹궈 물기를 빼 놓는다.

06 팬에 **식용유**를 두르고 양파, 당근의 순서로 센 불에서 재빨리 볶는다.

07 여기에 **04**의 **양념장**을 넣어 볶다가 주꾸미를 넣고 볶는다.

08 주꾸미가 익으면 **05**의 우동면을 넣고 같이 볶는다.

09 **08**에 대파, 고추, **참기름**을 넣고 버무리듯 가볍게 볶아낸다.

Cooking note

봄이 제철인 주꾸미는 그대로 조리하면 먹물이 터져 먹음직스러운 빨간색을 살릴 수 없으므로 손질할 때 반드시 먹물을 제거하는 것이 중요하다.

순서대로
양념하기

 식용유 1/2큰술 ▶▶ 양념장 ▶▶ 참기름 약간

해물카레볶음면

볶음면과
스파게티

재료 Ingredient	만드는 법 Recipe

재료 Ingredient

생칼국수 · · · · · 170g
베이비갑오징어 · · 5마리
새우 · · · · · · · 2마리
홍합살 · · · · · 40g
마늘 · · · · · · · 2쪽
브로콜리 · · · · 1/4송이
양파 · · · · · · · 1/4개
양송이버섯 · · · · · 2개
방울토마토 · · · · · 4개

만드는 법 Recipe

01 베이비갑오징어는 소금물에 씻어 물기를 빼 놓는다.

02 새우는 등쪽의 내장을 제거하여 소금물에 씻는다.

03 홍합살은 안쪽의 수염을 제거한 다음 소금물에 씻는다.

04 끓는 물에 준비된 위의 해물을 넣고 살짝 데친다.

05 브로콜리는 한입 크기로 썰어 데친다.

06 방울토마토는 꼭지를 떼고 데쳐 껍질을 벗겨 놓는다.

07 마늘은 납작하게 저미고, 양파는 굵게 채 썬다.

08 양송이버섯은 반으로 잘라 놓는다.

09 생칼국수면은 끓는 물에 삶아 찬물에 식혀 물기를 빼 놓는다.

10 팬을 달궈 **버터**를 두른 후 저민 마늘을 볶다가 양파, 양송이버섯을 넣고 같이 볶는다.

11 여기에 **04**의 해물과 **09**의 생칼국수을 넣고 볶다가 **카레가루**를 넣는다.

12 카레가루가 골고루 배면 분량의 **물**을 넣고 살짝 끓이다 브로콜리, 방울토마토를 넣은 후 **소금, 후춧가루**로 간을 하여 버무리듯 완성한다.

Cooking note

인스턴트 카레가루에는 전분이 함유되어 있어 그냥 볶으면 뻑뻑해지고 팬에 재료가 엉겨 붙으므로 볶다가 물을 넣고 살짝 끓이는 것이 좋고, 카레 자체에 간이 되어 있어 짠 편이므로 마지막 간은 반드시 먹어본 후 하는 것이 좋다.

순서대로
양념하기

 버터 1/2큰술 ▶▶ 카레가루 2큰술 ▶▶ 물 1/2컵

 소금 약간 ▶▶ 후춧가루 약간

사천식 볶음면

재료 Ingredient	만드는 법 Recipe

생우동면 · · · · 200g
(냉동 우동면 · · · 200g)
양파 · · · · · · 1/6개
표고버섯 · · · · · 1장
대파 · · · · · 1/4대
풋고추 · · · · · · 1개
홍고추 · · · · · 1/2개
마늘 · · · · · · 1쪽
생강 · · · · · 1/4쪽
오징어 · · · · 1/4마리
새우 · · · · · · 2마리
홍합 · · · · · · 5개

양념장
간장 1작은술
굴소스 1작은술
두반장 1/2큰술
청주 1큰술
설탕 1작은술
물 1/4컵
참기름 약간

물녹말
녹말 1/2큰술
물 1/2큰술

01 생우동면은 끓는 물에 삶아 물기를 빼 놓는다. 냉동면일 경우 끓는 물에 1분 정도만 삶는다.

02 양파와 표고버섯은 채 썰어 놓는다.

03 대파와 풋고추, 홍고추는 어슷하게 썰고, 마늘과 생강은 얇게 저며 놓는다.

04 오징어는 링 모양을 살려 썰거나 잔칼집을 넣어 솔방울 무늬로 준비한다.

05 새우는 내장을 빼서 손질하고, 홍합은 소금물에 씻는다.

06 준비된 해물은 끓는 물에 소금을 넣고 살짝 데친다.

07 분량의 재료를 잘 섞어 양념장을 만들어 놓는다.

08 팬에 **고추기름**을 두르고 마늘, 생강, 대파를 볶는다.

09 여기에 데친 해물을 넣고 볶다가 **07**의 **양념장**을 넣고 끓인다.

10 면에 **09**의 양념장이 골고루 배어들면 풋고추, 홍고추를 넣어 잠시 더 볶다가 **물녹말**을 넣어 걸쭉하게 마무리한다.

11 소금, 후춧가루, 참기름으로 부족한 간을 한 후 접시에 담아낸다.

Cooking note

두반장은 매콤한 요리가 많은 사천지방에서 많이 쓰는 양념의 일종으로 톡 쏘는 매운맛이 우리의 입맛에도 잘 맞는다.

순서대로 양념하기

 고추기름 1큰술 ▶▶ 양념장 ▶▶ 물녹말 ▶▶ 소금 약간

 후춧가루 약간 ▶▶ 참기름 약간

봉골레

재료 Ingredient　　　　　　　**만드는 법** Recipe

스파게티면 · · · ·100g
소금 · · · · · ·1/2큰술
올리브기름 · · ·1/2큰술
바지락조개 · · · ·250g
쪽파 · · · · · ·1줄기
표고버섯 · · · · · ·1장

01 스파게티면은 끓는 물에 소금과 올리브기름을 넣고 8~9분간 삶아 건져 놓는다.

02 바지락조개는 소금물에 담가 해감시킨 후 깨끗이 헹궈 놓는다.

03 마늘은 얇게 저며 썬다.

04 쪽파는 송송 썰어 물에 한번 헹궈 물기를 털어 놓는다.

05 표고버섯은 기둥을 제거하고 얇게 썬다.

06 이태리 건고추는 반으로 잘라 씨를 살짝 털어 놓는다.

07 팬에 올리브기름을 두르고 **이태리 건고추**와 **저민 마늘**을 넣어 볶는다.

08 기름에 매콤한 향과 마늘향이 배면 표고버섯과 바지락조개를 넣고 볶는다.

09 **08**에 **화이트와인**(또는 청주)을 붓고 잠시 끓이다가 **스파게티 삶은 국물**을 분량대로 넣는다.

10 조개가 입을 열면 **01**의 스파게티면을 넣고 면에 국물 맛이 배도록 볶는다.

11 **소금**, **후춧가루**로 간을 한 후 송송 썬 **쪽파**를 뿌려낸다.

🍥 Cooking note

봉골레는 이태리어로 조개라는 뜻으로 모시조개를 이용해도 좋으며, 이태리 건고추 대신 청양고추를 사용해도 비슷한 맛을 낼 수 있다.

순서대로
양념하기

 올리브기름
2큰술
⏩ 이태리 건고추
3~4개
⏩ 저민 마늘 3쪽
⏩ 화이트와인
3큰술

 스파게티 삶은
국물 1/2컵
⏩ 소금 1작은술
⏩   후춧가루 약간
⏩ 쪽파 1줄기

카르보나라

재료 Ingredient	만드는 법 Recipe

페투치네면 · · · · 100g
소금 · · · · · · 1/2큰술
올리브기름 · · · 1/2큰술
베이컨 · · · · · · 2장

01 페투치네면은 끓는 물에 소금과 올리브기름을 넣고 10분간 삶아 놓는다.

02 마늘은 다져서 준비한다.

03 베이컨은 2cm 폭으로 썰어 놓는다.

04 달구어진 팬에 **올리브기름**을 두르고 **다진 마늘**을 넣어 볶는다.

05 **04**에 베이컨을 넣고 기름이 살짝 빠질 정도로 볶은 후 **화이트 와인**을 넣는다.

06 베이컨의 냄새가 날아가면 **생크림**을 넣고 끓인다.

07 **06**에 **01**의 삶아놓은 페투치네면을 넣고 버무리듯 졸이다가 **파마산 치즈가루**와 **소금**으로 간을 한다.

08 불에서 내린 후 **달걀 노른자**를 넣고 살짝 농도가 생기도록 가볍게 버무린다.

09 완성된 카르보나라를 접시에 담고 **통후추**를 으깨 뿌려낸다.

Cooking note

페투치네면은 우리나라의 칼국수와 모양이 비슷한 면으로 크림소스와 잘 어울린다. 석탄가루라는 의미의 카르보나라는 광부들이 일을 끝낸 후 먹은 흰색 크림소스의 파스타에 작업복의 석탄가루가 떨어진 모양새가 마치 검은 후춧가루를 뿌린 것과 같은 데서 이름 지어진 것이다.

순서대로
양념하기

 올리브기름
2큰술
 다진 마늘
2쪽
 화이트와인
2큰술
 생크림
250mL

 파마산 치즈
가루 1큰술
  소금 약간
  달걀 노른자
1개
 통후추
약간

미트볼스파게티

재료 Ingredient

스파게티면 · · · · 100g
소금 · · · · · · · 1/2큰술
올리브기름 · · · 1/2큰술
바질잎 · · · · · · · 1잎

고기(미트볼) 반죽
쇠고기 간것 50g
돼지고기 간것 50g
양파 20g
파슬리 1줄기
마늘 1쪽
소금 1/6작은술
후춧가루 약간
빵가루 2큰술
달걀 2큰술
우유 1/2큰술

만드는 법 Recipe

01 쇠고기와 돼지고기는 각각 곱게 간 것으로 준비한다.

02 양파와 마늘은 곱게 다지고, 파슬리는 잎만 곱게 다진다.

03 위의 재료를 우묵한 볼에 담고 빵가루와 달걀, 우유를 넣은 후 소금과 후춧가루로 간을 하여 잘 치대 반죽한다.

04 03의 고기 반죽은 지름 3cm 정도 되는 둥글납작한 완자로 빚어 뜨거운 팬에 올리브기름을 두르고 앞뒤로 노릇하게 지진다.

05 스파게티면은 끓는 물에 소금과 올리브기름을 넣고 8~9분간 삶아 체에 밭쳐 물기를 빼 놓는다.

06 양파, 셀러리, 마늘은 곱게 다지고, 양송이버섯은 굵게 다진다.

07 팬에 올리브기름을 두르고 다진 마늘을 먼저 볶다가 쇠고기를 넣어 볶고 고기가 익으면 양파, 셀러리, 양송이버섯의 순으로 볶은 후 토마토 페이스트를 넣고 3분 정도 센 불에서 볶는다.

08 07에 토마토 소스와 분량의 물을 넣고 월계수잎, 정향, 바질, 오레가노를 넣은 후 04의 미트볼을 넣어 끓인다.

09 미트소스가 절반 정도로 줄면 소금, 후춧가루로 간을 하고 월계수잎, 정향을 건져낸 후 05의 스파게티면을 넣고 버무린 다음 바질잎을 채썰어 얹어낸다.

순서대로
양념하기

 올리브기름 2큰술 ▶▶ 다진 마늘 10g ▶▶ 쇠고기 간 것 70g ▶▶ 다진 양파 70g

 다진 셀러리 20g ▶▶ 양송이버섯 20g ▶▶ 토마토 페이스트 20g ▶▶ 토마토 소스 1/4컵

 물 2컵 ▶▶ 월계수잎 1잎 ▶▶ 정향 1알 ▶▶ 바질 약간

 오레가노 약간 ▶▶ 소금 약간 ▶▶ 후춧가루 약간

버섯스파게티

| 재료 Ingredient | 만드는 법 Recipe |

스파게티면 · · · · 100g
소금 · · · · · · 1/2큰술
올리브기름 · · · 1/2큰술
새송이버섯 · · · · 1개
생표고버섯 · · · · 2장
피망 · · · · · · 1/4개

01 끓는 물에 소금과 올리브기름을 넣고 스파게티면을 8~9분 정도 삶아 건져 놓는다.

02 삶아진 면은 체에 밭쳐 물기를 빼고 찬물에 헹구지 말고 그대로 올리브기름에 버무려 놓는다.

03 새송이버섯은 5cm 정도 길이로 잘라 얇게 저며 썬다.

04 생표고버섯은 기둥을 떼고 얇게 채 썬다.

05 마늘은 납작하게 저미고, 피망은 채 썰어 준비한다.

06 팬을 달궈 **올리브기름**을 두르고 **저민 마늘**을 볶는다.

07 여기에 새송이버섯, 생표고버섯, 피망을 같이 넣고 볶다가 스파게티면을 넣고 볶는다.

08 면이 볶아지면 **바질, 소금, 후춧가루**로 간을 하여 접시에 담아낸다.

Cooking note

버섯을 석쇠에 구워 살짝 곁들이면 좀 더 고급스러운 분위기를 연출할 수 있다.

마늘 토스트 만들기

1 바게트빵을 1.5cm 두께로 어슷하게 썬다.

2 버터에 곱게 다진 마늘과 파슬리가루(또는 곱게 다진 파슬리)를 잘 섞어 마늘버터를 만든 다음 바게트빵의 한쪽 면에만 바른다.

3 달궈진 오븐이나 프라이팬에 갈색이 나도록 굽는다.

순서대로 양념하기

 올리브기름 2큰술 ▸▸ 저민 마늘 2쪽 ▸▸ 바질 약간 ▸▸ 소금 약간 ▸▸ 후춧가루 약간

해물스파게티

볶음면과
스파게티

재료 Ingredient	만드는 법 Recipe

재료 Ingredient

스파게티면 · · · · 100g
소금 · · · · · · 1/2큰술
올리브기름 · · · 1/2큰술
바질잎 · · · · · · · 1잎
홍합 · · · · · · · 50g
새우 · · · · · · · 50g
베이비갑오징어 · · 50g

만드는 법 Recipe

01 끓는 물에 분량의 소금과 올리브기름을 넣은 후 스파게티면을 넣고 8~9분 정도 삶아 건진다.

02 삶아진 면은 물에 헹구지 말고 올리브기름에 버무려 놓는다.

03 마늘과 양파는 다져서 준비한다.

04 홍합과 베이비갑오징어는 소금물에 씻어 놓고, 새우는 등쪽의 내장을 이쑤시개로 빼내어 씻는다.

05 팬에 올리브기름을 두르고 다진 마늘과 양파를 볶다가 토마토 소스를 같이 넣고 분량의 물을 넣는다.

06 05에 04의 해물과 바질, 오레가노를 넣은 후 걸쭉해질 때까지 끓인다.

07 홍합이 입을 열고 새우가 빨갛게 익으면 화이트와인과 핫소스, 설탕, 소금, 후춧가루로 맛을 내고 02의 면을 넣어 소스와 같이 버무려 졸인다.

08 소스와 면이 골고루 어우러지면 접시에 모양내어 담고 바질잎으로 장식한다.

Cooking note

해물스파게티에는 보통 스파게티 소스에 흔히 사용하는 치즈보다는 매콤한 맛의 핫소스가 더욱 잘 어울리며 조개, 관자 등 다양한 해물을 이용할 수도 있다.

순서대로
양념하기

 올리브기름
2큰술   다진 마늘 1쪽   다진 양파 1/4개 토마토 소스
1컵

물 1컵   바질 약간   오레가노 약간 화이트와인
1큰술

 핫소스
1/2큰술 설탕 1작은술 소금 약간 후춧가루
약간

세번째

온면과 냉면

메밀소바

재료 Ingredient

- 생메밀면 · · · · 170g
- (건면 · · · · · 100g)
- 무 · · · · · · · 30g
- 고추냉이 · · · · 1/2큰술
- 실파(또는 대파) · · 1줄기
- 김 · · · · · · · 1/4장

만드는 법 Recipe

01 다시마는 겉의 흰가루를 젖은 면보로 닦아낸 후 분량의 물에 30분 정도 담가둔다.

02 다시마 국물을 한소끔 끓인 후 가다랑어포를 넣고 불을 끈 상태에서 15분 정도 두었다가 국물이 우러나면 면보자기에 걸러 육수를 준비한다(10p 참조).

03 분량의 **간장, 설탕, 청주, 맛술**을 한데 섞어 끓인 후 **02**의 가다랑어포 육수에 섞어 소바 국물을 만든 다음 차게 보관한다.

04 무는 강판에 간 후 고운 체에 밭쳐 찬물에 헹궈 매운맛을 빼준다.

05 고추냉이는 동량의 찬물에 개 놓는다.

06 실파(또는 대파)는 송송 썰어 찬물에 헹궈 물기를 빼 놓는다.

07 김은 바삭하게 구워 곱게 채를 썰거나 부숴 놓는다.

08 끓는 물에 메밀면을 삶아 찬물에 재빨리 헹궈 물기를 빼고 사리를 지어 놓는다.

09 준비된 양념 재료와 소바 국물을 곁들여 낸다.

Cooking note

메밀은 혈압을 낮춰주고 섬유질이 풍부한 좋은 식품이지만 소화가 쉽게 되지 않으므로 소화를 도와주는 효소가 풍부한 무를 반드시 곁들여 먹는 것이 좋다.

소바 국물 만들기

간장 1큰술　설탕 1/2큰술　청주 1큰술
맛술 1큰술　가다랑어포 육수 1/4컵

잔치국수

재료 Ingredient

소면 · · · · · ·100g
애호박 · · · · ·1/4개
달걀 · · · · · · ·1개
실고추 · · · · · 약간
쇠고기양지머리편육 40g

쇠고기 양념
국간장 1작은술
후춧가루 약간
소금 약간

만드는 법 Recipe

01 쇠고기는 반 잘라 찬물에 1시간 동안 담가 핏물을 빼고 냄비에 분량의 고기 삶는 재료를 넣어 1시간 정도 푹 끓인다(8p 참조).

02 익은 쇠고기는 식혀 결대로 잘게 찢거나 채를 썰어 분량의 국간장과 소금, 후춧가루로 양념을 한다.

03 **쇠고기 육수**는 면보자기에 걸러 기름을 걷어내고 분량의 **국간장과 소금, 후춧가루**로 양념을 하여 장국을 만든다.

04 애호박은 5cm 길이로 채 썰어 소금 1/2작은술을 넣고 절인 후 물기를 제거해서 살짝 볶는다.

05 실고추는 짧게 썰어 놓는다.

06 달걀은 흰자와 노른자를 분리하여 소금 간하여 잘 푼 후 각각 얇게 지단을 부쳐 준비한다.

07 소면은 끓는 물에 삶아 찬물에 헹군 후 동그랗게 사리를 지어 놓는다.

08 그릇에 **07**의 국수를 담고 양념한 쇠고기와 고명(애호박, 실고추, 달걀지단)을 보기 좋게 얹은 후 뜨겁게 데운 장국을 부어 낸다.

Cooking note

흔히들 미혼 남녀에게 '언제 국수 먹여 줄거냐'는 말을 건네곤 한다. 그만큼 과거에 국수는 잔치 음식으로 매우 중요한 역할을 해왔었다. 국수 자체는 삶는 과정에서 소금간이 빠지기 때문에 면이 싱거워지므로 국물의 간을 진하게 해야 국수와 같이 먹을 때 싱겁지 않다.

육수 양념하기

 쇠고기 육수 2.5컵

 국간장 1작은술

소금 1/4작은술

 후춧가루 약간

사천탕면

재료 Ingredient

생중화면 · · · · · 170g
(냉동 중화면 · · · 200g)
바지락조개 · · · · · 5개
오징어 · · · · · 1/4마리
새우 · · · · · 2마리
굴 · · · · · · · 30g
양파 · · · · · · 1/6개
배추 · · · · · · 1/2잎
대파 · · · · · · 1/4대
마늘 · · · · · · · 1쪽
생강 · · · · · · 1/4쪽
목이버섯 · · · · · 2장
표고버섯 · · · · · 1장
부추 · · · · · · 30g
사천고추 · · · · 4~5개
식용유 · · · · · 2큰술

만드는 법 Recipe

01 닭은 깨끗이 손질하여 찬물을 붓고 대파, 마늘, 생강, 통후추 등을 넣고 1시간 동안 끓여 육수를 따로 걸러 놓는다(11p 참조).

02 바지락조개는 소금물에 담가 해감한 후 깨끗이 씻어 놓고, 오징어는 껍질을 벗겨 칼집을 넣어 한입 크기로 썬다.

03 새우는 내장을 빼고, 굴은 소금물로 살살 흔들어 씻어 건진다.

04 양파는 채를 썰고, 배추는 얇게 저며 썬다.

05 대파는 굵게 채를 썰거나 어슷하게 썰고, 마늘과 생강은 다져 놓는다.

06 목이버섯은 따뜻한 물에 불려 한입 크기로 찢어 놓고, 표고버섯은 납작하게 썬다.

07 부추는 5cm 길이로 썰고, 사천고추는 손으로 살짝 부숴 놓는다.

08 팬에 기름을 두르고 사천고추와 생강, 마늘, 대파를 볶다가 준비해 놓은 **닭 육수**를 붓는다.

09 **08**이 끓으면 양파, 배추, 표고버섯, 목이버섯과 손질한 해물을 넣고 같이 끓인다.

10 **09**에 부추를 넣고 **소금과 청주, 후춧가루**로 간을 한다.

11 생면을 끓는 물에 삶아 찬물에 헹군 후 다시 뜨거운 물로 데워 그릇에 담은 다음 **10**의 국물을 건더기와 함께 넉넉하게 부어낸다.

Cooking note

사천고추는 크기가 작고 매운맛이 강한 고추로 요즘은 재래시장의 고추 가게나 대형 마트에서도 구입할 수 있으며 구하기 어려울 때는 말린 청양고추를 대신 사용해도 좋다.

육수
양념 하기

닭 육수 4컵   소금 1작은술   청주 1큰술   후춧가루 약간

짬뽕

재료 Ingredient	만드는 법 Recipe

생중화면 · · · · ·170g
(냉동 중화면 · · · 200g)
오징어 · · · · ·1/4마리
새우 · · · · · · ·2마리
홍합살(또는 조갯살) 50g
돼지고기 · · · · ·40g
양파 · · · · · · ·1/4개
배추 · · · · · · ·1/2잎
부추 · · · · · · ·30g
표고버섯 · · · · ·1장
목이버섯 · · · · ·2장
대파 · · · · · · ·1/4대
마늘 · · · · · · ·2쪽
생강 · · · · · · ·1/2쪽
홍고추 · · · · · ·1개
닭 육수 · · · · · ·4컵

01 오징어는 껍질과 내장을 제거하여 내장 쪽에 잔칼집을 넣은 후 한입 크기로 썰고, 새우는 내장을 빼서 껍질째 준비한다.

02 홍합살은 안쪽의 수염을 제거하여 소금물로 씻는다. 조갯살은 소금물로 씻어 물기를 빼 놓는다.

03 돼지고기는 얇게 썰어 놓는다.

04 양파는 채 썰고, 배추는 얇게 저민다. 홍고추는 어슷하게 썬다.

05 부추는 4~5cm 길이로 썰고, 표고버섯은 채를 썬다.

06 목이버섯은 적당한 크기로 뜯어 놓고, 대파와 마늘, 생강은 각각 채 썬다.

07 팬에 준비된 **고추기름**을 두르고 생강, 마늘, 대파와 홍고추를 넣고 볶는다. 여기에 돼지고기를 넣어 같이 볶는다. 도중에 분량의 **고춧가루**와 **간장**으로 양념한다.

08 **07**에 준비된 해물과 배추, 양파, 표고버섯, 목이버섯을 볶다가 닭 육수를 붓는다. 여기에 **굴소스**, **청주**를 넣고 간을 한다.

09 **소금**과 **후춧가루**를 넣어 나머지 간을 한 후 마지막에 부추를 넣고 살짝 끓여 약간의 **참기름**을 취향에 맞게 첨가한다.

10 끓는 물에 생면을 넣어 삶아 익으면 찬물에 재빨리 헹군 후 다시 뜨거운 물에 면을 담가 따뜻해지면 그릇에 담고 **09**의 육수를 부어낸다.

육수 양념하기

 고추기름 2큰술

 고춧가루 1.5큰술

 간장 1작은술

 굴소스 1/2큰술

 청주 1큰술

 소금 약간

 후춧가루 약간

 참기름 약간

평양물냉면

온면과
냉면

| 재료 Ingredient | 만드는 법 Recipe |

재료 Ingredient

건냉면 · · · · · 100g
(생면 · · · · · 200g)
양지머리 편육 · · · 30g
오이 · · · · · · 1/8개
소금 · · · · · 1/4작은술
식용유 · · · · · · 약간
무 · · · · · · · 50g
배 · · · · · · 1/12개
삶은 달걀 · · · 1/2개
발효된 겨자 · · · 1작은술
식초 · · · · · · · 약간

무 초절임
식초 1/2큰술
설탕 1/2큰술
소금 1/4작은술

만드는 법 Recipe

01 쇠고기 육수는 면보에 걸러 기름기를 제거한다.

02 위의 **쇠고기 육수**에 동량의 **동치미 국물**을 섞어 차게 보관한다.

03 육수를 만들고 난 양지머리는 면보로 잘 감싸 도마 밑에 눌러 놓은 후 식으면 얇게 썬다.

04 무는 길이 5cm, 폭 1cm, 두께 0.2cm 크기로 썰어 분량의 양념에 재어 새콤달콤한 무 초절임을 만든다.

05 오이는 어슷하게 썰어 소금에 살짝 절였다 물기를 꼭 짜서 기름 두른 팬에 볶아낸다.

06 달걀은 삶아 찬물에 식혀 반으로 잘라 놓는다.

07 배는 납작하게 썰거나 굵게 채 썰어 준비한다.

08 끓는 물에 냉면을 삶아 찬물에 재빨리 헹궈 사리를 지은 후 그릇에 담는다.

09 냉면 사리 위에 준비된 편육, 오이, 무, 배, 달걀을 고명으로 차례로 얹는다.

10 차게 준비한 육수에 분량의 **설탕**, **소금**을 넣고 간을 하여 **09**에 가만히 부어낸다.

11 **발효 겨자**와 식초를 곁들여 낸다.

Cooking note

평양냉면은 메밀로 만든 면발을 사용하며, 메밀에는 찰기가 없어 면발이 비교적 연한 편이다. 흔히 우리가 물냉면이라고 칭하는 것이 바로 이 평양냉면이다.

육수
양념 하기

 쇠고기 육수
1컵

 동치미 국물 1컵

 설탕 1/2큰술

 소금 1/2작은술

 발효 겨자 약간

 식초 1작은술

냉국수

재료 Ingredient	만드는 법 Recipe

소면 · · · · · · 100g
부추 · · · · · · 30g
숙주 · · · · · · 50g
당근 · · · · · · 1/12개
소금 · · · · · · 약간
참기름 · · · · · · 약간
식용유 · · · · · · 약간
얼음 · · · · · · 약간

양념 간장

간장 1큰술
다진 파 1작은술
다진 마늘 1/2작은술
깨소금 1/2작은술
참기름 1작은술

01 부추는 5cm 길이로 썰어 끓는 물에 데쳐 찬물에 식힌 후 물기를 빼 놓는다.

02 숙주는 끓는 물에 데친 후 찬물에 식혀 물기를 뺀 다음 소금과 참기름으로 밑간을 해 놓는다.

03 당근은 5cm 길이로 곱게 채 썰어 소금으로 간하여 볶아 놓는다.

04 분량의 새우 육수(12p 참조)에 **국간장**, **청주**, **소금**으로 간을 하여 냉장고에 차게 보관한다.

05 분량의 양념을 잘 섞어 양념 간장을 만든다.

06 소면은 끓는 물에 삶아 찬물에 충분히 헹궈 건진 뒤 물기를 제거하고 그릇에 사리지어 담는다.

07 국수 위에 부추, 숙주, 당근을 고명으로 얹는다.

08 차게 식혀 놓은 **04**의 육수를 붓고 얼음을 곁들인다.

09 양념 간장을 같이 곁들여 낸다.

Cooking note

냉국수는 간단한 재료로 시원하게 먹을 수 있는 여름철 별미이며, 양념 간장으로 간을 하여 먹으므로 육수의 간은 싱겁게 하는 것이 좋다.

육수
양념하기

 새우 육수 2.5컵

 국간장 1/2큰술

 청주 1/2큰술

 소금 약간

도토리묵국수

재료 Ingredient | **만드는 법** Recipe

도토리묵 ‥ 1/2모(150g)
김치 ‥‥‥‥ 80g
달걀 ‥‥‥‥‥ 1개
김 ‥‥‥‥‥ 1/2장
무순 ‥‥‥‥ 1/4팩

김치 양념
들기름 1작은술
설탕 1작은술
깨소금 1/2작은술

01 분량의 새우 육수에 국간장, 설탕, 식초, 소금으로 양념을 하여 국물 간을 한다.

02 김치는 속을 털어내고 송송 썰어서 들기름, 설탕, 깨소금을 넣고 조물조물 무쳐 놓는다.

03 도토리묵은 끓는 물에 살짝 데친 다음 찬물에 식혀 가늘게 채를 썰어 놓는다.

04 달걀은 잘 섞어 얇게 지단을 부쳐 채 썰고, 김은 구워 가늘게 채 썰거나 부숴 놓는다.

05 그릇에 **03**의 도토리묵을 담고 김치, 달걀지단, 무순, 김을 고명으로 얹는다.

06 준비된 **01**의 육수를 뜨겁게 데우거나 차게 식혀 **5**의 도토리묵에 가만히 부어낸다.

Cooking note

여름에는 육수를 차게 식혀 시원하게 먹고 겨울에는 뜨겁게 데워 따뜻하게 먹는다. 밥을 곁들여 묵국수에 말아 먹어도 좋은 별미이다. 금방 만든 묵은 말랑말랑해서 요리에 바로 사용해도 좋으나 만든 지 하루 이상 지난 것은 단단하므로 데쳐서 사용해야 질감이 말랑말랑해서 좋다.

육수
양념 하기

새우 육수 2컵   국간장 1작은술   설탕 1/2큰술

식초 1/2큰술   소금 1/4작은술

메밀막국수

재료 Ingredient   **만드는 법** Recipe

생메밀면 · · · · · 170g
(건면 · · · · · · 100g)
오이 · · · · · · · 1/8개
무 · · · · · · · · 40g
김치 · · · · · · · 50g
김 · · · · · · · · 1/4장

막국수 양념
고춧가루 1/2큰술
설탕 1/2큰술
다진 마늘 1/2작은술
쇠고기 육수 1큰술
겨자가루 1/2작은술
깨소금 1/2작은술

01 쇠고기 육수를 끓여 식힌 후 분량의 김치 국물과 설탕, 식초를 잘 섞어 국물 간을 해서 냉장고에 차게 보관한다.

02 오이와 무는 가늘게 채를 썰어 놓는다.

03 김치는 속을 털어내고 송송 썰어 물기를 살짝 빼 놓는다.

04 분량의 양념을 잘 섞어 막국수 양념을 만든다.

05 끓는 물에 메밀국수를 넣고 잘 삶아 찬물에 헹궈 1인분씩 사리를 지은 후 그릇에 담는다.

06 **05**에 김치와 무, 오이를 고명으로 얹는다.

07 차게 보관한 **01**의 육수를 **06**의 막국수에 부어준 후 구운 김을 곁들여 낸다.

08 얼음을 띄워 내도 좋다.

Cooking note

흔히 모밀이라 불리는 것은 메밀의 잘못된 이름이며 강원도의 대표 음식으로 특별한 조리 과정 없이 바로 만들어 먹을 수 있는 음식이라는 의미에서 막국수 라는 이름이 생겨난 듯하다.

육수
양념하기

 쇠고기 육수
2컵

 김치 국물
1/2컵

 설탕 1큰술

 식초 1큰술

서리태콩국수

| 재료 Ingredient | 만드는 법 Recipe |

소면 · · · · · · 100g
오이 · · · · · · 1/8개
통깨 · · · · · · 약간

01 서리태(검은콩)는 썩은 것을 골라내고 깨끗이 씻어 넉넉한 물에 담가 하룻밤 불린다(8시간 정도 불리면 2~3배 정도 불어난다).

02 냄비에 서리태와 콩 불린 물을 같이 넣고 끓어오르기 시작하면 3~5분간 약한 불에서 은근히 삶아 콩을 완전히 익힌다.

03 콩이 다 익으면 콩 삶은 물과 함께 차게 식힌다. 콩 삶은 물은 버리지 말고 콩을 갈 때 사용하면 맛도 진하고 콩국의 빛깔도 더 진해진다.

04 믹서에 위의 **서리태**와 **볶은 검은깨**를 넣고 서리태 삶은 물 2컵과 함께 곱게 간 후 냉장 보관해 놓는다.

05 남은 콩 찌꺼기에 서리태 삶은 **물**을 조금씩 넣어가며 아주 곱게 간 후 냉장 보관해 놓는다.

06 오이는 어슷하게 저민 다음 가늘게 채를 썰어 찬물에 담가 아삭하고 신선하게 준비한다.

07 끓는 물에 소면을 삶아 찬물에 헹궈 물기를 제거한 후 사리지어 그릇에 담는다.

08 여기에 **05**의 콩국물을 가만히 붓고 **06**의 채 썬 오이를 고명으로 얹는다.

09 마지막으로 통깨를 살짝 뿌려 낸다.

10 **소금**을 곁들여 각각의 입맛에 맞게 간하여 먹는다.

Cooking note

밭에서 나는 쇠고기로 평가되는 콩은 그만큼 영양적인 가치가 있으며 특히 요즘처럼 동물성 단백질과 지방을 너무 많이 섭취하는 사람들에게는 매우 훌륭한 음식이다.

콩국물
만들기

 서리태(검은콩)
1/4컵

물 3컵

 볶은 검은깨
1큰술

 소금 약간

쇠고기쌀국수

재료 Ingredient	만드는 법 Recipe

재료 Ingredient

쌀국수 · · · · · 100g
숙주 · · · · · · 30g
레몬 · · · · · · 1/8개
삶은 양지머리편육 · 40g
쪽파 · · · · · · · 1대
양파 · · · · · · · 1개

양지머리 육수
물 7컵
양지머리 100g
대파 1/4대
양파 1/4개
생강 1쪽
통후추 10알
팔각 1개
정향 1알
베트남 고추 1~2개

양파 초절임
식초 1큰술
설탕 1/2큰술
소금 1/4작은술

만드는 법 Recipe

01 양지머리는 찬물에 담가 핏물을 빼 놓는다.

02 대파, 양파, 생강은 석쇠에 얹어 구워 놓는다.

03 냄비에 분량의 물을 붓고 양지머리, 베트남 고추, 팔각, 정향, 통후추, **02**의 구운 대파, 양파, 생강과 같이 넣어 2시간 동안 푹 끓인다.

04 **03**의 양지머리 육수를 면보에 걸러 피시 소스, 소금, 후춧가루로 간을 한다. 고기는 얇게 저며 놓는다.

05 쌀국수는 따뜻한 물에 담가 부드럽게 불린 다음 삶아 놓는다.

06 숙주는 깨끗이 씻어 놓고, 양파는 채 썰어 분량의 설탕, 식초, 소금으로 양념하여 양파 초절임을 만든다.

07 쪽파는 송송 썰어 놓는다.

08 삶아 놓은 쌀국수는 뜨거운 물 또는 양지머리 육수에 담가 따뜻하게 데운 후 그릇에 담는다.

09 쌀국수 위에 양지머리 편육과 **06**의 숙주와 양파 초절임을 고명으로 얹는다.

10 여기에 **04**의 육수를 뜨겁게 데워 부어내고, 레몬 조각과 송송 썬 쪽파를 곁들여 낸다.

Cooking note

베트남의 대표적인 음식인 쌀국수는 고수잎을 곁들여도 좋다. 구운 대파, 양파, 생강은 육수의 잡냄새를 없애주는 역할을 하며, 양지머리 육수 대신 닭 육수를 사용해도 좋다.

육수
양념 하기

양지머리 육수
2.5컵

피시 소스
1/2큰술

소금 약간

후춧가루 약간

잣국수

온면과
냉면

재료 Ingredient	만드는 법 Recipe

소면 · · · · · · 100g
오이 · · · · · · 1/8개
방울토마토 · · · · 1개
검은깨 · · · · · · 약간
잣 · · · · · · · 약간

01 잣은 고깔을 제거한 후 겉 표면의 기름기, 잡티 등을 깨끗이 닦아 손질한다.

02 믹서에 01의 잣과 볶은 통깨, 생수 1컵을 같이 넣어 곱게 갈아 고운 체에 거른 후 냉장고에 넣어 차게 보관한다. 잣 몇 알은 고명으로 얹을 수 있도록 남겨둔다.

03 오이는 어슷하게 저민 후 곱게 채를 썬다.

04 방울토마토는 링 모양으로 썬다.

05 끓는 물에 소면을 쫄깃하게 삶아 찬물에 헹군 후 사리지어 그릇에 담는다.

06 국수 위에 오이, 방울토마토, 검은깨, 잣을 고명으로 얹는다.

07 02의 차게 준비해 놓은 잣 국물에 나머지 생수 1컵을 부어 농도를 맞추고 소금 간을 한 다음 06의 국수에 부은 후 검은깨를 살짝 뿌려낸다.

Cooking note

잣과 같은 견과류는 불포화지방산이 많으므로 몸에 이롭지만 너무 많이 먹게 되면 설사를 유발하므로 매일 조금씩 먹는 것이 좋다. 불포화지방산은 산패되기 매우 쉬운 지방이라 오래되거나 변질된 것은 기름에 쩐 냄새가 나므로 가급적 빛이 통하지 않는 용기에 넣어서 냉장 보관하는 것이 좋다.

육수 양념하기

 잣 1/3컵

 볶은 통깨 1큰술

 생수 2컵

 소금 1작은술

김치말이냉국수

재료 Ingredient	만드는 법 Recipe

소면 · · · · · · 100g
김치 · · · · · · 80g
홍고추 · · · · · 1/2개
오이 · · · · · · 1/8개

김치 양념
설탕 1/2큰술
참기름 1/2큰술
깨소금 1/2작은술

01 김치는 새콤하게 잘 익은 것으로 준비해서 속을 털어내고 잘게 썬다.

02 썰어 놓은 김치에 분량의 설탕, 참기름, 깨소금으로 양념하여 조물조물 무쳐 놓는다.

03 쇠고기는 핏물을 빼서 육수를 끓인 후 차게 식혀 면보에 걸러 기름기를 제거해 놓는다(8p 참조).

04 03의 쇠고기 육수에 분량의 김치 국물을 넣고 설탕, 국간장, 소금으로 간을 한 후 차게 식히거나 냉동실에서 살짝 얼려 놓는다.

05 홍고추는 송송 썰고, 오이는 채 썰어 준비한다.

06 끓는 물에 소면을 넣고 삶아 찬물에 재빨리 헹군 후 사리를 지어 그릇에 담는다.

07 소면 위에 양념한 김치, 홍고추, 오이를 고명으로 얹는다.

08 04의 차가운 육수를 07의 소면에 부어낸다.

Cooking note

쇠고기 육수는 시판 냉면 육수로 대신해도 좋으며, 김치 국물과 섞어 양념한 육수를 냉동실에 잠시 얼려 살얼음이 얼도록 하여 곁들이면 더욱 시원한 느낌으로 먹을 수 있다.

육수
양념하기

 쇠고기 육수
2컵

 김치 국물
1/2컵

 설탕
1큰술

 국간장
1작은술

 소금 약간

열무물냉면

| 재료 Ingredient | 만드는 법 Recipe |

재료 Ingredient

건냉면 · · · · · 100g
(생면 · · · · · 200g)
열무김치 · · · · 100g
(설탕 · · · · · 1큰술)
오이 · · · · · · 1/8개
삶은 달걀 · · · · 1/2개
통깨 · · · · · · 약간

만드는 법 Recipe

01 적당히 익은 열무김치는 건더기와 국물을 따로 준비하여 건더
기는 5cm 정도 길이로 잘라 설탕 1큰술로 밑간한다.

02 **열무김치 국물**에 **쇠고기 육수**(8p 참조)를 동량으로 섞은 후 분
량의 **설탕, 식초, 소금, 배즙**을 넣고 육수를 만들어 냉동실에 살
짝 얼려 놓는다.

03 오이는 채 썰어 준비한다.

04 달걀은 삶아 찬물에 식힌 후 반 잘라 준비한다.

05 끓는 물에 냉면을 쫄깃하게 삶아 찬물에 재빨리 식혀 물기를
뺀 다음 사리지어 그릇에 담는다.

06 냉면에 열무김치와 오이, 달걀을 고명으로 얹는다.

07 **02**의 살짝 얼려 놓은 육수를 믹서에 갈아 **06**에 부어 낸다.

08 통깨를 솔솔 뿌리고 **발효 겨자**를 곁들여 낸다.

Cooking note

- 냉면은 본래 겨울 음식이지만 시원하게 잘 익은 열무김치로 만든 냉면은 여름
철에나 맛볼 수 있는 것으로 더위를 한번에 잊게 해줄 만한 훌륭한 음식이다.

- 쇠고기 육수를 만들기 힘들 때는 시판 냉면 육수를 활용해도 좋으며 이때는
국물에 간이 되어 있으므로 나머지 양념의 양을 조절하는 것이 좋다.

육수
양념 하기

 열무김치 국물
1컵

 쇠고기 육수 1컵

 설탕 1큰술

 식초 1/2큰술

 소금 1/2작은술

 배즙 1/4컵

 발효 겨자 약간

모시조개된장국수

재료 Ingredient	만드는 법 Recipe

생소면 · · · · · 170g
모시조개 · · · · 100g
감자 · · · · · · 1/2개
애호박 · · · · · 1/8개
느타리버섯 · · · 30g
대파 · · · · · · 1/4대
청양고추 · · · · · 1개

01 모시조개는 소금물에 담가 해감시킨 후 소금으로 문질러 이물질을 깨끗이 제거한다.

02 감자는 납작하게 썰고, 애호박은 반달 모양으로 썬다.

03 느타리버섯은 굵게 찢어 놓는다.

04 대파는 송송 썰고, 마늘은 곱게 다진다.

05 청양고추는 둥글고 얇게 썰어 놓는다.

06 냄비에 분량의 **조개 육수**(13p 참조)를 붓고 **된장**과 **고추장**을 체에 걸러 풀어 넣는다.

07 여기에 모시조개와 감자를 넣고 끓인다.

08 국물이 끓기 시작하면 생면을 넣고 다시 끓인다.

09 면이 어느 정도 익으면 애호박을 넣고 끓이다가 느타리버섯, 대파, **다진 마늘**, 청양고추를 넣고 잠시 더 끓여낸다.

Cooking note

구수한 된장에 담백하고 시원한 모시조개가 깔끔한 느낌을 주는 국수로, 조개는 서로 부딪쳤을 때 맑은 차돌소리가 나는 것이 싱싱한 것이므로 반드시 하나하나 확인해 보고 사용하는 것이 좋다.

육수
양념 하기

조개 육수 3컵   된장 1큰술   고추장 1큰술   다진 마늘 1쪽

나가사키짬뽕

온면과
냉면

재료 Ingredient	만드는 법 Recipe

생중화면 · · · · ·170g
(냉동 중화면 · · ·200g)
돼지고기 · · · · ·30g
새우살 · · · · ·30g
홍합 · · · · ·50g
모시조개 · · · · ·50g
주꾸미 · · · · ·2마리
대파 · · · · ·1/4대
마늘 · · · · ·1쪽
생강 · · · · ·1/4쪽
표고버섯 · · · · ·1장
양파 · · · · ·1/6개
양배추 · · · · ·1/2잎
식용유 · · · · ·2큰술

돼지고기 양념
청주 1작은술
간장 1/2작은술
후춧가루 약간

01 돼지고기는 한입 크기로 납작하게 저며 분량의 양념에 잰다.

02 새우살, 홍합, 모시조개는 각각 소금물에 씻어 놓는다.

03 주꾸미는 안쪽의 먹물을 제거한 후 소금물에 씻는다.

04 대파, 마늘과 생강은 채 썰고, 표고버섯은 납작하게 저민다.

05 양파, 양배추는 굵게 채 썰고, 청양고추도 채 썰어 준비한다.

06 팬을 달궈 식용유를 두른 후 대파, 마늘, 생강을 볶다가 **1**의 돼지고기를 넣고 볶는다. 여기에 양파, 양배추, 표고버섯을 넣고 볶다가 해물을 넣어 같이 볶는다.

07 재료가 볶아지면 분량의 **사골 육수**(14p 참조)를 붓고 **굴소스, 일본 된장, 청주, 후춧가루**로 간을 한다.

08 국물의 맛이 우러나면 **청양고추**로 매운맛을 내고 **우유**를 넣어 잠시 더 끓인다.

09 중화면은 끓는 물에 삶아 찬물에 헹군 후 다시 뜨거운 물에 담가 데운 후 그릇에 담고 **08**의 육수를 부어 대파채와 청양고추채를 고명으로 얹어낸다.

Cooking note

근래에 유행하는 하얀 국물의 짬뽕으로, 일본식 주점 등에서 흔히 맛볼 수 있다. 나가사끼 짬뽕의 특징은 국물은 하얗지만 청양고추가 들어가 매콤하면서도 개운한 점이다.

육수
양념 하기

 사골 육수 3컵

 굴소스 1작은술

 일본 된장 1작은술

 청주 1큰술

 후춧가루 약간

 청양고추 1개

 우유 1/4컵

김치해장국수

재료 Ingredient	만드는 법 Recipe

재료 Ingredient

칼국수 · · · · · 100g
배추김치 · · · · 80g
두부 · · · · · 1/4모
대파 · · · · · 1/4대
마늘 · · · · · · · 1쪽
콩나물 · · · · · 50g
양파 · · · · · 1/8개
홍고추 · · · · · 1/2개
풋고추 · · · · · 1/2개

만드는 법 Recipe

01 배추김치는 속을 털어내고 송송 썬다.

02 두부는 7cm 정도 길이로 굵게 채를 썬다.

03 대파는 송송 썰고, 마늘은 다져 놓는다.

04 양파는 채 썰고, 홍고추 · 풋고추는 어슷하게 썬다.

05 콩나물은 손질하여 깨끗이 씻는다.

06 냄비에 **북어 육수**(15p 참조)를 붓고 배추김치와 콩나물을 넣어 끓인다.

07 배추김치가 부드럽게 익으면 두부, 양파, 마늘, 대파를 넣고 잠시 더 끓인다.

08 **07**에 **고춧가루, 새우젓, 소금**으로 간을 한 후 홍고추와 풋고추를 넣어 좀 더 끓인다.

09 끓는 물에 칼국수를 넣고 삶아 찬물에 헹군 후 사리를 지어 그릇에 담는다.

10 **08**의 뜨거운 국물을 **09**의 국수에 붓고 따라내기를 두어 번 반복하여 국수를 데운 후 건더기와 국물을 넉넉히 부어낸다.

Cooking note

콩나물은 익히는 중간에 뚜껑을 열면 비린내가 나지만 처음부터 뚜껑을 열고 끓이면 냄새가 나지 않으므로 처음부터 열고 끓이든가 아니면 처음에는 뚜껑을 닫고 끓이다가 콩나물이 익은 후 뚜껑을 여는 것이 좋다.

육수
양념 하기

북어 육수 4컵

고춧가루
1/2큰술

새우젓 1작은술

소금 1/4작은술

맛있는
면요리

네번째

칼국수와
우동

바지락칼국수

칼국수와
우동

재료 Ingredient	만드는 법 Recipe

표고버섯 · · · · · 1장
당근 · · · · · 1/12개

반죽
중력밀가루 1컵(100g)
시금치(또는 부추) 1포기
물 1/4컵
소금 1/2작은술
식용유 1/2큰술

01 시금치는 깨끗이 다듬어서 씻은 후 분량의 물을 넣고 믹서에 곱게 갈아 물기를 꼭 짜서 시금치즙을 만든다.

02 분량의 밀가루에 위의 시금치즙과 소금, 식용유, 물을 넣고 잘 치대 반죽한다.

03 **02**의 반죽을 비닐봉지에 잘 감싸 냉장고에서 하루 정도 숙성시킨다.

04 바지락조개는 소금물에 담가 모래를 제거한 후 물기를 빼고 소금으로 박박 문질러 씻는다.

05 청양고추는 얇게 송송 썰고, 표고버섯과 당근은 채 썬다.

06 **03**의 반죽을 밀대로 얇게 민 후 0.5cm 폭으로 썰어 칼국수의 면을 준비한다.

07 냄비에 **바지락조개**와 분량의 **물**을 붓고 끓인다.

08 물이 끓기 시작하면 **06**의 칼국수 면을 넣는다.

09 여기에 표고버섯과 당근, **다진 마늘**을 넣고 끓인다.

10 면발이 익으면 **청주**, **소금**, **청양고추**로 맛을 내어 마무리한다.

Cooking note

칼국수 반죽은 바로 만들어서 밀면 매끈하지도 않고 쫄깃거리지도 않는다. 반드시 하루 정도 냉장고에 두었다가 글루텐이 충분히 생성되었을 때 면발을 만들어 사용해야 맛있는 칼국수를 만들 수 있다.

육수
양념하기

바지락조개 200g

물 4컵

다진 마늘 1작은술

청주 2큰술

소금 약간

청양고추 1개

팥칼국수

재료 Ingredient	만드는 법 Recipe

붉은 팥 · · · · · 1/2컵
물 · · · · · · · · 6컵
소금 · · · · · · · 약간
설탕 · · · · · · · 약간

칼국수 반죽
밀가루 100g
물 1/4컵
소금 1/2작은술
식용유 1/2큰술

01 밀가루는 체에 내려 분량의 물, 소금, 식용유를 넣고 반죽한다.

02 위의 반죽을 비닐봉지에 감싸 공기를 차단한 뒤 냉장고에서 1~2일 숙성시킨다.

03 **붉은 팥**은 썩은 것과 잡티를 골라내고 팥이 충분히 잠길 만큼의 물을 부어 5분간 끓인다.

04 팥의 껍질이 쪼글쪼글하게 변하면 삶던 물을 따라 버리고 다시 새로운 **물** 6컵을 넣고 팥이 푹 무를 때까지 중불에서 은근히 삶는다.

05 팥을 손으로 뭉개봐서 힘없이 뭉그러질 정도로 충분히 익으면 식힌 다음 팥 삶은 물과 함께 믹서에 곱게 간다.

06 갈아 놓은 팥물을 체에 내려 준비한다.

07 **02**의 밀가루 반죽을 0.3cm 두께로 밀어 0.5cm 폭으로 채 썬 후 끓는 물에 2분 정도 삶아 찬물에 헹궈 물기를 제거한다.

08 **06**의 팥물을 냄비에 넣고 끓으면 **07**의 칼국수를 넣어 2~3분간 더 끓여 적당하게 익힌다.

09 그릇에 위의 팥칼국수를 담고 **소금**과 **설탕**을 따로 곁들여 취향에 따라 간을 할 수 있도록 한다.

Cooking note

찹쌀가루로 경단을 빚어 같이 곁들여도 좋다. 팥은 자체에 함유된 전분 때문에 시간이 지나면 되직해지므로 약간 묽게 농도를 맞추는 것이 중요하다.

팥국물 만들기

 붉은 팥 1/2컵   물 6컵   소금 약간   설탕 약간

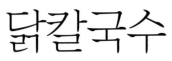

닭칼국수

| 재료 Ingredient | 만드는 법 Recipe |

생칼국수 · · · · ·170g
애호박 · · · · · ·1/8개
표고버섯 · · · · · ·1장
당근 · · · · · ·1/12개
달걀 · · · · · · · ·1개
삶은 닭고기 · · · ·80g

삶은 닭고기 양념
소금 1/2작은술
후춧가루 약간
다진마늘 1/2작은술
깨소금 1/2작은술

01 닭은 내장 쪽을 깨끗이 씻고 기름기를 떼어낸 후 분량의 물을 붓고 대파, 마늘, 생강, 통후추를 넣은 후 1시간 정도 끓여 육수를 만든다(11p 참조).

02 위의 육수가 충분히 우러나면 국물을 면보자기에 받쳐 놓고, 닭고기는 살만 발라 먹기 좋게 찢어 분량의 양념으로 밑간해 놓는다.

03 애호박과 표고버섯, 당근은 각각 채를 썰어 준비한다.

04 대파는 송송 썰고, 마늘은 다진다.

05 달걀은 지단을 부쳐 곱게 채를 썬다.

06 **02**의 닭 육수를 냄비에 붓고 끓으면 생칼국수를 넣고 끓인다.

07 면이 끓기 시작하면 애호박, 표고버섯, 당근을 넣는다.

08 면이 익기 시작하면 대파, 다진 마늘을 넣고 국간장, 소금, 후춧가루로 간을 한다.

09 **08**의 칼국수를 그릇에 담은 후 달걀지단과 함께 **02**의 닭고기를 수북하게 얹어낸다.

Cooking note

구수하고도 담백한 닭 육수에 푸짐한 닭고기 고명이 먹음직스럽지만 면도 고기도 모두 흰색이므로 당근, 표고버섯, 호박과 같은 색스러운 재료를 사용하여 끓이면 더욱 먹음직스럽게 보인다.

양념장
만들기

 닭 육수 4컵   대파 1/4대   다진 마늘 1작은술   국간장 1/2큰술

 소금 1/2작은술   후춧가루 약간

쇠고기버섯매운탕칼국수

재료 Ingredient	만드는 법 Recipe

생칼국수 · · · · ·170g
쇠고기 · · · · · ·50g
느타리버섯 · · · ·50g
미나리 · · · · · ·5줄기
감자 · · · · · · ·1/2개
대파 · · · · · · ·1/4대
마늘 · · · · · · ·1쪽
풋고추 · · · · · ·1개
쇠고기 육수 · · · ·4컵

01 쇠고기는 불고기감으로 얇게 준비한 후 키친타월을 사용하여 핏물을 닦아낸다.

02 느타리버섯은 손으로 굵게 찢어 놓는다.

03 미나리는 뿌리와 잔털을 제거한 후 7cm 길이로 썬다.

04 감자는 0.5cm 두께의 반달 모양으로 썬다.

05 대파와 풋고추는 어슷하게 썰고, 마늘은 다져 놓는다.

06 냄비에 분량의 **쇠고기 육수**(또는 사골 육수)를 붓고 **고추장**을 풀어 끓인다.

07 여기에 감자와 생칼국수를 넣어 끓인다.

08 감자와 면이 익으면 쇠고기, 느타리버섯, 대파, 마늘, 풋고추를 넣고 잠시 더 끓인다.

09 **08**에 **국간장**으로 간을 한 후 미나리를 넣어 한소끔 끓여 그릇에 담아낸다.

Cooking note

국물이 얼큰하고 시원해서 해장용으로도 좋으며, 육수를 좀 더 넉넉히 준비하여 샤브샤브처럼 버섯과 고기, 미나리를 데쳐 먹은 후 남은 국물에 칼국수를 끓여 먹어도 좋다.

육수
양념하기

쇠고기 육수
4컵

고추장 1큰술

국간장 1작은술

해물칼국수

재료 Ingredient	만드는 법 Recipe

재료 Ingredient

생칼국수 · · · · 170g
북어포 · · · · 1/4마리
건새우 · · · · 1큰술
미더덕 · · · · 20g
바지락조개 · · · 100g
애호박 · · · · 1/8개
생표고버섯 · · · · 1장

만드는 법 Recipe

01 북어포는 잘게 찢고, 건새우는 체에 살짝 쳐서 불순물을 제거해 놓는다.

02 미더덕은 반으로 잘라 놓고, 바지락조개는 소금물에 담가 해감시킨 후 깨끗이 씻어 놓는다.

03 애호박과 표고버섯은 각각 채 썰고, 대파는 어슷하게 썬다.

04 청양고추는 얇고 둥글게 썬다.

05 냄비에 분량의 **북어 육수**(15p 참조)를 붓고 북어포 찢은 것, 건새우와 미더덕, 바지락조개를 넣고 끓인다.

06 **05**의 국물이 끓으면 생칼국수를 넣는다.

07 칼국수가 절반 정도 익었을 때 채 썬 애호박과 생표고버섯을 넣고 **다진 마늘, 대파, 청양고추**를 넣어 끓인다.

08 여기에 **까나리액젓**과 **굵은 소금**으로 간을 한다.

09 마지막에 **청주와 후춧가루**를 넣어 살짝 끓인 후 그릇에 모양있게 담아낸다.

Cooking note

다양한 해물이 많이 들어가므로 육수를 준비하기 번거로울 때는 그냥 물을 사용해도 시원한 국물 맛을 낼 수 있다.

육수
양념하기

 북어 육수 4컵

 다진 마늘
1작은술

 대파 1/4대

 청양고추 1개

 까나리액젓
1/2큰술

 굵은 소금 약간

 청주 1큰술

 후춧가루 약간

포장마차우동

재료 Ingredient	만드는 법 Recipe

생우동면 · · · · ·200g
(냉동 우동면 · · ·200g)
유부 · · · · · · ·1장
어묵 · · · · · ·50g
대파 · · · · · ·1/4대
쑥갓 · · · · · ·1줄기
김 · · · · · · ·1/4장
고춧가루 · · · · ·약간

01 유부와 어묵은 끓는 물에 살짝 데쳐 기름기를 제거한 후 한입 크기로 썬다.

02 대파는 송송 썰고, 쑥갓은 물에 담가 싱싱해지도록 준비한다.

03 김은 바삭하게 구워 부수거나 채를 썬다.

04 냄비에 **멸치 육수**(9p 참조)를 넣고 끓이다가 우동면을 넣는다.

05 우동면이 어느 정도 익으면 유부와 어묵을 넣고 더 끓이다가 국간장과 청주, 소금으로 간을 한다.

06 그릇에 면과 유부, 어묵, 국물을 담고 송송 썬 대파를 얹는다.

07 여기에 쑥갓과 김, 고춧가루를 곁들여 낸다.

Cooking note

포장마차를 떠올리면 대표적으로 생각나는 메뉴 1순위가 바로 따뜻한 우동이다. 특별한 재료 없이 간단하면서도 가볍게 먹을 수 있는 메뉴이기도 하다. 우동 국물에 청주를 넣으면 국물의 비릿한 맛과 잡 냄새를 제거해 주어 좋으나 너무 많이 사용하면 시큼한 맛이 나므로 적당한 양을 사용하는 것이 좋다.

 멸치 육수 3컵   국간장 1/2큰술   청주 1/2큰술   소금 1/2작은술

냄비우동

칼국수와
우동

재료 Ingredient	만드는 법 Recipe

재료 Ingredient

생우동면 · · · · · 200g
닭가슴살 · · · · · 50g
새우 · · · · · · · 1마리
찐어묵 · · · · · 1/8개
표고버섯 · · · · · · 1장
시금치 · · · · · 1포기
달걀 · · · · · · 1/2개
대파 · · · · · · 1/4대

닭가슴살 양념
물 1/2컵
간장 1/2큰술
청수 1/2큰술

만드는 법 Recipe

01 닭가슴살은 한입 크기로 썰어 분량의 양념을 넣어 국물이 없어질 때까지 바짝 졸여 준비한다.

02 새우는 끓는 물에 소금을 넣고 삶아 껍질을 벗겨 놓는다.

03 달걀은 잘 풀어 끓는 물에 가만히 넣어 익으면 체에 받친 후 김발로 돌돌 말아 식혀 굳힌 후 2cm 길이로 썬다.

04 표고버섯은 기둥을 떼어내고 껍질 부분에 별 모양의 칼집을 넣는다.

05 대파는 어슷하게 썰고, 찐어묵은 물결무늬로 모양을 내서 썬다.

06 우동면은 끓는 물에 절반만 익을 정도로 삶아낸다.

07 냄비에 준비된 위의 재료를 보기 좋게 돌려 담고 우동면을 담는다.

08 가다랑어포 육수(10p 참조)에 **국간장, 청주, 소금**으로 간을 한 후 **07**의 냄비에 가만히 부어 끓인다.

09 모든 재료가 어우러지도록 끓으면 마지막에 시금치를 넣고 살짝 끓여낸다.

Cooking note

여러 가지 재료가 어우러진 푸짐한 우동으로 위의 재료 외에도 조개, 배추, 팽이버섯, 쑥갓 등 다양한 재료로 바꿔가면서 만들 수 있으며, 냄비에 담아 테이블에서 보글보글 끓여가며 먹어도 좋다.

육수
양념하기

가다랑어포 육수
3컵

국간장 1/2큰술

청주 1/2큰술

소금 1/2작은술

튀김우동

칼국수와
우동

재료 Ingredient	만드는 법 Recipe

생우동면(냉동면)·200g
새우 · · · · · · ·1마리
깻잎 · · · · · · · ·1장
고구마 · · · · ·1/4개
대파 · · · · · ·1/4대
쑥갓 · · · · · · ·1줄기
팽이버섯 · · · ·1/4봉지
튀김용 식용유 · ·적당량

튀김옷
밀가루(박력분) 1/2컵
얼음물 1/2컵
달걀 노른자 1/2개

01 새우는 꼬리부분의 마지막 마디만 남기고 껍질과 꼬리의 물혹을 제거한 후 등 부분의 내장을 제거하여 배 쪽에 칼집을 낸다.

02 깻잎은 깨끗이 씻어 물기를 털어내고, 고구마는 0.5cm 두께로 썰어 놓는다.

03 우묵한 볼에 분량의 달걀 노른자를 넣고 얼음물을 넣어 잘 풀어준 후 밀가루를 조금씩 넣고 멍울이 없도록 가볍게 풀어 튀김옷을 만든다.

04 준비한 새우, 깻잎, 고구마에 밀가루를 가볍게 묻힌 후 위의 튀김옷 반죽을 듬뿍 묻혀서 170℃의 식용유에 바삭하게 튀겨낸다.

05 대파는 송송 썰고, 팽이버섯은 밑동을 잘라 잘게 뜯어 놓는다.

06 냄비에 분량의 **가다랑어포 육수**를 붓고 끓으면 우동면을 넣어 살짝 익힌다.

07 여기에 **국간장, 청주, 소금**으로 간을 한 후 그릇에 우동과 국물을 함께 담는다.

08 국물이 뜨거울 때 대파와 쑥갓, 팽이버섯을 면 위에 얹고 튀겨 놓은 새우, 깻잎, 고구마를 얹어낸다.

Cooking note

튀김을 바삭하게 튀기기 위해서 가장 중요한 점은 반드시 얼음물로 반죽을 하는 것이고 반죽의 농도는 묽을수록, 그리고 오래 튀길수록 바삭한 느낌이 오래 지속된다.

육수
양념하기

 가다랑어 육수
3컵

 국간장 1/2큰술

 청주 1/2큰술

 소금 1/2작은술

어묵우동

재료 Ingredient

생우동면(냉동면) · 200g
각종 어묵 · · · · · 80g
곤약 · · · · · · · 30g
달걀 · · · · · · · 1개
은행 · · · · · · · 4알
쑥갓 · · · · · · · 1줄기
가다랑어포 · · · · 약간

만드는 법 Recipe

01 어묵은 한입 크기로 썰어 끓는 물에 데친 후 찬물에 헹궈 기름기를 제거하고 물기를 빼 놓는다.

02 곤약은 길이 7cm, 폭 2cm, 두께 0.5cm 크기로 썰어 끓는 물에 5분 정도 삶아 냄새를 제거한다.

03 달걀과 은행은 삶아 찬물에 식힌 후 껍질을 벗겨 놓는다.

04 곤약과 달걀을 냄비에 넣고 물 1컵, 간장 1큰술을 넣고 졸여 간이 배도록 한다.

05 01의 어묵은 긴 꼬치를 사용하여 보기 좋게 꽂아 놓는다.

06 냄비에 **가다랑어포 육수**를 넣고 간장에 졸여 놓은 곤약과 꼬치에 꽂은 어묵을 넣고 끓기 시작하면 우동면을 넣어 4~5분 정도 끓인다.

07 우동면이 부드럽게 익으면 **국간장**과 **청주, 소금**으로 간을 한다.

08 그릇에 우동면과 어묵꼬치, 곤약, 달걀, 은행을 보기 좋게 담고 국물이 뜨거울 때 쑥갓과 가다랑어포를 살짝 얹어낸다.

Cooking note

어묵은 생선살에 양념하여 기름에 튀기거나 굽거나 쪄낸 것으로, 튀긴 어묵은 데쳐 기름기를 제거하는 것이 맛도 좋고 건강에도 좋다. 재료를 넉넉히 준비하여 전골식으로 끓여 먹어도 좋으며 발효된 겨자에 간장을 곁들여 어묵을 찍어 먹어도 좋다.

 육수 양념하기

 가다랑어포 육수 3컵   국간장 1/2큰술   청주 1/2큰술   소금 1/2작은술

중화풍 우동

| **재료** Ingredient | **만드는 법** Recipe |

생중화면 · · · · · 170g
(냉동면 · · · · · 200g)
오징어 · · · · · 1/4마리
굴 · · · · · · · 30g
홍합 · · · · · · 30g
배추 · · · · · · 1/2장
양파 · · · · · · 1/8개
목이버섯 · · · · · 2장
달걀 · · · · · · 1개

01 오징어는 내장과 껍질을 제거한 후 내장 쪽에 대각선 방향으로 잔 칼집을 넣어 한입 크기로 썬다.

02 굴은 소금물로 씻어 물기를 빼고, 홍합은 수염을 제거한 후 소금물에 씻어 물기를 빼 놓는다.

03 배추는 포를 뜨듯 얇게 썰고, 양파는 채를 썬다. 목이버섯은 따뜻한 물에 담가 불린 후 손으로 찢어 놓는다.

04 대파는 어슷하게 썰고, 마늘과 생강은 다진다.

05 냄비에 분량의 **참기름**과 **식용유**를 두르고 **생강, 마늘, 대파**의 순으로 볶는다.

06 **05**에 배추와 양파를 같이 볶다가 분량의 **닭 육수**를 넣어 끓인다.

07 **06**의 육수가 끓기 시작하면 오징어, 굴, 홍합, 목이버섯을 넣고 끓인다.

08 해물이 익으면 달걀을 풀어 넣어 한소끔 더 끓이다가 **소금, 후춧가루**로 간을 한다.

09 중화면은 끓는 물에 삶아 찬물에 헹군 후 뜨거운 육수로 면을 데워 그릇에 담고 **08**의 해물 육수를 넉넉히 부어낸다.

Cooking note

중국 요리를 시켜 먹을 때 매운 짬뽕 대신 시원하고 뜨거운 국물이 먹고 싶을 때 시켜 먹곤 하던 중화풍 우동은 마지막에 달걀을 풀어 넣어 부드럽게 끓이는 것이 포인트이다.

육수
양념하기

 참기름 1/2큰술

 식용유 1/2큰술

 생강 1/4쪽

 마늘 1쪽

 대파 1/4대

 닭 육수 3컵

 소금 1작은술

 후춧가루 약간

유부우동

칼국수와
우동

| 재료 Ingredient | 만드는 법 Recipe |

우동면 · · · · · 200g
유부 · · · · · · · 4장
게맛살 · · · · · · 1줄
대파 · · · · · · 1/4대
쑥갓 · · · · · · 1줄기

01 유부는 끓는 물에 살짝 데쳐 찬물에 헹궈 기름기를 제거한 다음 1cm 굵기로 채 썰어 놓는다.

02 게맛살은 어슷하게 썰어 준비한다.

03 대파는 얇게 송송 썰어 놓는다.

04 냄비에 분량의 **가다랑어포 육수**를 붓고 끓으면 우동면을 넣고 끓인다.

05 우동면이 어느 정도 익으면 유부와 게맛살을 넣고 잠시 더 끓여준다.

06 **05**에 **국간장**과 **청주**, **소금**으로 간을 한 후 대파, 쑥갓을 넣고 불을 끈다.

07 그릇에 완성된 유부우동을 담고 **시치미**를 뿌려낸다.

Cooking note

● 시치미는 깨, 김가루, 고춧가루 등을 섞어 만든 일본식 양념으로 우동에 뿌려 맛을 돋워 준다.

● 유부는 두부의 수분을 빼서 기름에 튀긴 것으로 끓는 물에 데쳐 기름기를 제거해야 담백한 맛을 낼 수 있다.

우동 반찬 단무지 무침 만들기

단무지 200g을 0.3cm 두께로 반달썰기해 놓는다. 여기에 설탕 1/2큰술, 식초 1큰술, 고운 고춧가루 1작은술, 다진 파 1작은술, 다진 마늘 1/2작은술, 깨소금 1/2작은술, 참기름 1작은술을 넣고 조물조물 무치면 우동에 곁들이기 좋은 밑반찬이 된다.

육수 양념하기

 가다랑어포 육수 3컵

 국간장 1/2큰술

 청주 1/2큰술

 소금 1/2작은술

 시치미 약간

만두전골

재료 Ingredient	만드는 법 Recipe

만두 · · · · · · ·5개
쇠고기 · · · · · ·30g
양파 · · · · · · ·1/4개
당근 · · · · · · ·1/8개
생표고버섯 · · · ·1장
느타리버섯 · · · ·30g
쑥갓 · · · · · · ·1줄기
두부 · · · · · · ·1/4모
쪽파 · · · · · · ·3줄기
당면 · · · · · · ·20g

만두피
밀가루 1/2컵
물 2큰술
소금 약간
식용유 1/2큰술

만두소
돼지고기 30g
두부 1/8모
숙주 20g
김치 30g
소금 1/2작은술
다진 파 1작은술
다진 마늘 1/2작은술
깨소금, 참기름 약간
달걀 흰자 1큰술
후춧가루 약간

쇠고기 양념
국간장 1/2작은술
다진 마늘 1작은술
후춧가루 약간

01 밀가루에 분량의 물과 소금, 식용유를 넣고 잘 치대 반죽을 한 다음 지름 8cm 크기의 만두피를 둥글게 밀어 준비한다.

02 만두소에 들어갈 숙주는 살짝 데쳐 0.5cm 길이로 썰어 물기를 빼고, 돼지고기와 김치는 곱게 다져 물기를 제거한다.

03 두부는 물기를 제거해서 으깬 다음 **02**의 재료를 같이 합해 분량의 양념을 한 후 잘 섞어 만두소를 준비한다.

04 만두피에 만두소를 한 큰술씩 넣고 반으로 접어 양끝을 모아 붙여 만두를 빚는다.

05 쇠고기는 얇게 저미고, 양파는 굵게 채 썰어 한데 섞은 다음 분량의 쇠고기 양념으로 밑간한다.

06 당근은 길이 5cm, 폭 1cm 크기로 얇게 썬다.

07 생표고버섯은 기둥을 뗀 후 껍질 쪽에 별 모양으로 칼집을 넣고, 느타리버섯은 굵게 찢어 놓는다.

08 쑥갓은 7cm 정도 길이로 썰고, 두부는 1cm 두께로 도톰하고 납작하게 썰고, 쪽파는 5cm 길이로 썬다.

09 전골냄비에 양념한 **05**의 쇠고기를 깐 다음 그 위에 준비된 재료를 돌려 담고 중심에 **04**의 만두를 담는다.

10 당면은 끓는 물에 7~8분간 삶아 **09**에 넣는다.

11 분량의 물 또는 **사골 육수**(14p 참조)를 냄비에 붓고 끓이다가 **국간장, 소금, 후춧가루**로 간을 한다.

Cooking note

육수를 따로 준비하는 것이 번거로울 때는 물을 부어 요리한다. 쇠고기를 냄비 바닥에 깔고 끓이면 여기서 육수가 우러나오므로 간편하게 요리할 수 있다.

육수
양념하기

물(또는 사골 육수) 4컵

국간장 1/2큰술

소금 약간

후춧가루 약간

감자옹심이수제비

| 재료 Ingredient | 만드는 법 Recipe |

감자(중크기) · · · · 2개
감자 전분 · · · · 2큰술
(소금 · · · · 1/4작은술)
애호박 · · · · · 1/8개
양파 · · · · · 1/12개

01 감자는 껍질을 벗겨 강판에 갈아 면보로 짜서 감자의 건더기와 물기를 분리해 놓는다.

02 감자 건더기에서 짜낸 국물은 우묵한 볼에 20분 정도 두어 맑은 물은 따라내고 앙금을 가라앉힌다.

03 **01**의 감자 건더기에 **02**의 앙금과 분량의 감자 전분을 넣고 소금 간을 하여 반죽한 다음 2cm 크기의 동그란 옹심이를 빚는다.

04 애호박은 반달 모양으로 얇게 썰고, 양파는 채 썰어 놓는다.

05 풋고추와 대파는 어슷하게 썰고, 마늘은 곱게 다진다.

06 냄비에 **조개 육수**를 넣고 다시마를 같이 넣어 끓이다가 **03**의 옹심이와 양파, 애호박을 넣는다.

07 감자옹심이가 동동 뜨기 시작하면 **풋고추, 대파, 다진 마늘**을 넣고 잠시 더 끓이다가 **국간장과 소금, 후춧가루**로 간을 한다.

Cooking note

강원도의 토속 음식인 감자옹심이는 끓는 육수에 넣어 익힐 때 너무 센 불에 재빨리 끓이면 모양이 다 풀어져 형체가 없어지게 된다. 약한 불에 서서히 조심스럽게 익혀야 특유의 동그란 옹심이 모양을 제대로 살릴 수 있다.

감자전 만들기

중간 크기의 감자 두 개를 준비하여 껍질을 벗긴 다음 강판에 간다. 감자 건더기는 살짝 짜내 따로 준비하고 감자 국물은 20분 정도 두어 바닥에 앉은 앙금만 준비해서 감자 건더기와 섞어둔다. 여기에 양파, 풋고추를 썰어 넣고 소금 간을 한 후 팬에 기름을 두르고 지지면 맛있는 감자전이 완성된다.

육수
양념하기

 조개 육수 3컵   다시마 1개   풋고추 1개   대파 1/4대

 다진 마늘 1쪽   국간장 1/2큰술   소금 약간   후춧가루 약간

미역찹쌀경단수제비

재료 Ingredient

불린 미역 · · · ·100g
(건미역 · · · · · ·10g)
찹쌀가루 · · · · ·1/2컵
(물 · · · · · · · · ·1큰술
소금 · · · · 1/4작은술)
쇠고기 · · · · · ·30g
참기름 · · · · · ·1큰술

고기 양념
국간장 1/2작은술
다진 마늘 1/2작은술
후춧가루 약간

만드는 법 Recipe

01 미역은 따뜻한 물에 담가 불린 후 손으로 주물러 가며 깨끗이 씻어 물기를 빼고 3cm 정도 길이로 썬다.

02 찹쌀가루는 분량의 물과 소금을 넣고 반죽하여 지름 2cm의 공 모양의 경단을 빚는다.

03 쇠고기는 한입 크기로 썰어 분량의 고기 양념으로 밑간을 한다.

04 냄비에 참기름을 두르고 **01**의 미역과 양념한 쇠고기를 볶는다.

05 여기에 물 5컵을 넣고 끓인다.

06 국물에 맛이 충분히 우러나면 **02**의 찹쌀 경단을 넣고 끓인다.

07 **06**에 국간장, 소금, 다진 마늘로 간을 한 후 경단이 동동 떠오를 때까지 끓인다.

08 찹쌀 경단이 모두 떠오르면 다 익은 것이므로 그릇에 담아낸다.

Cooking note

미역은 피를 맑게 해주고 갑상선 질환을 예방해 주며, 섬유질이 풍부하여 장 건강에도 매우 이로운 식품이다. 미역국에 찹쌀 경단을 곁들이면 밥 없이도 한 끼 식사로 든든하며 쇠고기 대신 홍합살을 넣어도 좋다. 또한 어린아이들의 생일에 경단을 나이 수대로 넣어주면 아이들이 재미있어 할 것이다.

수제비 반찬 미역 맛살 초무침 만들기
불린 미역 100g에 맛살 두 줄을 찢어 넣고, 오이를 어슷썰어 넣은 후 간장 1큰술, 설탕 1큰술, 식초 1큰술을 넣어 조물조물 무친 다음 깨소금을 살살 뿌리면 개운하고 맛있는 밑반찬이 된다.

육수
양념하기

 물 5컵

 국간장 1/2큰술

 소금 약간

 다진 마늘 1작은술

얼큰해물수제비

재료 Ingredient	만드는 법 Recipe

재료 Ingredient

오징어 · · · · · 1/4마리
새우 · · · · · · 1마리
홍합 · · · · · · · 50g
배추 · · · · · · 1/2잎
(또는 청경채 · · · 1포기)
감자 · · · · · · 1/2개
표고버섯 · · · · · 1장
애호박 · · · · · 1/8개
미나리 · · · · · 3줄기
식용유 · · · · · 1큰술

수제비 반죽
중력밀가루 100g
물 1/3컵
달걀 1/2개
소금 1/2작은술
식용유 1/2큰술

만드는 법 Recipe

01 분량의 밀가루, 물, 달걀, 소금, 식용유를 넣고 수제비 반죽을 하여 1시간 이상 숙성시킨다.

02 오징어는 껍질을 벗겨 한입 크기로 썰고, 새우는 내장을 빼낸다.

03 홍합은 소금물로 씻어 놓는다.

04 배추(청경채)와 감자는 한입 크기로 썬다.

05 마늘과 생강은 곱게 다지고, 대파와 풋고추는 어슷하게 썬다.

06 표고버섯과 애호박은 얇게 썰고, 미나리는 5cm 길이로 썬다.

07 냄비에 식용유를 두르고 오징어, 새우를 넣고 볶다가 **고춧가루**를 넣어 같이 볶는다.

08 여기에 **새우 육수**(12p 참조)를 붓고 감자, 홍합, 배추, 애호박을 넣고 끓인다. 이때 **고추장**을 풀어 넣는다.

09 국물이 끓기 시작하면 **01**의 수제비 반죽을 조금씩 떠 넣는다.

10 여기에 **다진 마늘, 생강,** 표고버섯, 미나리를 넣고 끓이다가 소금으로 간을 한다.

11 마지막에 대파와 **풋고추**를 넣고 잠시 더 끓여낸다.

Cooking note

수제비는 손으로 뜯어 넣기 쉽도록 칼국수나 만두피 반죽보다 질게 반죽하는 것이 좋다. 반죽은 하루 전날 만들어 냉장고에서 숙성시키면 더욱 쫄깃해진다.

육수
양념하기

 고춧가루 1큰술

 새우 육수 4컵

 고추장 1큰술

 다진 마늘 1쪽

 다진 생강 1/4쪽

 소금 약간

 대파 1/4대

 풋고추 1개

찾아보기

맛있는 면요리
육수와 소스

2012년 7월 10일 1판 1쇄
2021년 1월 10일 2판 1쇄

저자 : 박지형
펴낸이 : 남상호

펴낸곳 : 도서출판 예신
www.yesin.co.kr

04317 서울시 용산구 효창원로 64길 6
대표전화 : 704-4233, 팩스 : 335-1986
등록번호 : 제3-01365호(2002.4.18)

값 14,000원

ISBN : 978-89-5649-173-8